书籍设计创新研究

张　瑞◎著

线装书局

图书在版编目（CIP）数据

书籍设计创新研究 / 张瑞著. -- 北京：线装书局，
2023.7
    ISBN 978-7-5120-5540-7

    Ⅰ. ①书… Ⅱ. ①张… Ⅲ. ①书籍装帧—设计—研究
Ⅳ. ①TS881

中国国家版本馆CIP数据核字(2023)第127247号

书籍设计创新研究
SHUJI SHEJI CHUANGXIN YANJIU

作　　者：张　瑞
责任编辑：白　晨
出版发行：线装書局
　　　　　地　址：北京市丰台区方庄日月天地大厦 B 座 17 层（100078）
　　　　　电　话：010-58077126（发行部）010-58076938（总编室）
　　　　　网　址：www.zgxzsj.com
经　　销：新华书店
印　　制：三河市腾飞印务有限公司
开　　本：787mm×1092mm　　　　1/16
印　　张：12.5
字　　数：298 千字
印　　次：2024 年 7 月第 1 版第 1 次印刷

线装书局官方微信

定　　价：68.00 元

前　言

　　书是人类文明传播的工具，从其产生到现在的三千多年的历史中，书籍的材料不断丰富，印制的方法更加多样化，科技的进步使得书籍具有了各种各样丰富的形态。伴随着书籍的产生，书籍的外观也逐渐受到人们的重视，古人对书籍进行了精心的设计，使其成为一种艺术品呈现在世人眼前，这其中渗透的设计观念也为现代书籍的设计提供了宝贵的经验。书籍设计依附于书籍的产生而产生，并随着时代的发展而不断进步。近现代，书籍涉及已成为一个独立的艺术门类，书籍设计既要求实用性，又要求审美性，二者缺一不可。而随着科技的发展和经济水平的提高，人们在物质需求得到满足的情况下，对书籍设计的实用性和审美性也就提出了更高的要求，这样书籍设计工作就必须完成观念的转变，必须使书的作者、编辑、书籍设计者和印刷者进行广泛的沟通与配合，从书籍内容的确定，到外包装及形态的设计，都应以全新的观念，经过理性化的思考，给读者一种除文字和形色之外的精神享受，以及具有创造性的想象空间。书籍设计要做到的不仅仅是给书籍做一个漂亮的外表，更应该是一种完成由表及里的整体性策划工作。

　　未来，书籍将会以什么样的形态存在？传统的纸质书籍会不会被多媒体的电子图书取代？而在这一发展历程中书籍设计又会经历怎样的变迁呢？

　　从造纸术发明之后，书籍的形态基本上没有大的变化，使用的材质一直是纸，而且阅读方式基本没有改变。到了信息时代，科学技术的发展给了书籍广阔的发展空间，新的书籍媒介不断产生，书籍形态更加趋向于多元化，不仅印刷材料和印刷工艺不断创新，而且产生了带音乐的书、带气味的书、可食读物以及概念书、电子读物等诸多种类。同时，电子传媒令知识的传播也有了更多便捷的途径。但是可以肯定的是，电子出版物的出现不会消灭传统书籍的形式——纸质书籍，多种形态是可以并存互荣的。因为，不管什么形式，目的都是传播知识，不同的载体针对的是不同的使用群体，并未各自的选择者提供方面，针对不用的需求使知识的流传轻松而快捷。

　　从书的外包装到书籍形态设计，从外到内的整体设计，书籍涉及像社会改革一样，必须改变以往的观念，结合今天的美学、设计、工艺等理论成果，使中国的书籍设计以更加丰富多彩的面貌呈现在世人面前。

内容简介

    本书是基于书籍设计的大框架，从书籍设计的形态、材料、制作等方面出发，结合其艺术性，对书籍装帧设计的创新为基点，进行研究论述，内容包括书籍设计的发展，书籍装帧设计的视觉传达意义，书籍装帧设计的创意、创新理念，书籍装帧的材料与工艺、书籍的版式设计等。旨在提高设计方面的审美和画面调度能力，创造新的表现形式，为书籍更广泛的传播提供广阔的空间。

目　录

第一章 概 述

第一节 书籍设计概述

一、书籍设计的概念

书籍设计是指书籍的整体装帧设计，其具体含义是指从书稿起始，经过策划、设计、制版印刷到装订成书的全过程，通过艺术设计（点、线、面）赋予书籍一个恰当的形式，设计的对象包含了一本书所有形的全部因素，是一项整体的视觉传达活动。

书籍设计是一门艺术，它通过特有的文字、图像、色彩等形式向读者传递知识信息。人类已经进入数字化时代，电脑软件的广泛应用更进一步地促进了书籍设计与制版印刷的繁荣发展，书籍设计艺术逐步迈入了精细化、个性化和多元化的轨道。设计师们运用设计软件、不同的制版工艺、各种纸张材料、全新的设计理念去表现新的视觉设计空间。现代书籍设计追求对传统装帧观念的突破，提倡现代书籍形态的创作必须解决造型与神态完美结合的问题，共同创作出形神兼备、具有生命力和保存价值的艺术作品。

现代书籍设计艺术不仅要满足大众当前的审美需求，还要引导大众对美好明天充满期待，提供丰富的精神食粮。现代审美需求有利于现代设计意识的不断挖掘和创新，特别是后现代主义在书籍设计上所表现出的新奇性、视觉性、拼接性、反传统性、复制性、边缘性、空间性、客观性和意义的模糊性等，值得我国设计师学习和借鉴。

书籍设计要注意以下三点。

（一）强调交流，抵制低俗

我们应坚持书籍设计的思想性、知识性、文化性、审美性，坚持书籍设计的高雅品位，反对低俗、奢华的创作原则。我们还应该重视本土文化的应用，坚定自我的设计理念，更好地进行书籍设计国际间的交流（图1-1、图1-2）。

图1-1　传统的图案、文字结合书壳的设计，凸显传统文化的韵味和特点

（二）追求原创并符合出版物特点

国外书籍的装帧风格对我国传统风格的书籍设计冲击较大，我们要在学习与借鉴中，发扬我国传统文化的优势，追求书籍设计的原创性。书籍是艺术品，更是出版物，书的包装与书的内容是一体的，要符合出版物的特征，必须具备文化品位，包装设计要适度，不能影响到其传播知识的特性（图1-3）。

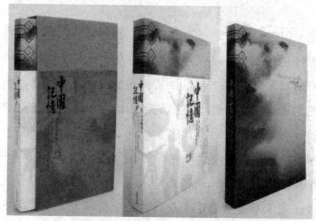

图1-2　吕敬人作品《中国记忆》在"世界最美的书"评选活动中获奖

图1-3 具有较强的图形设计和色彩对比，增强了形式上的审美性

（三）书籍设计与图书内容完全融合

现在有些设计者不能完全吃透书的内容，仅凭只言片语或书名来设计，因此形成了书籍设计的内涵远远弱于书籍本身内涵的尴尬局面。设计师应该更好地融入生活，积累知识，提高自身的悟性，从生活中获取更多的设计灵感，真正的让书籍设计和书籍内容达到完美的融合（图1-4、图1-5）。

图1-4 图形与颜色的结合凸显书籍的主题内容

图1-5 设计贴合了书籍的内容，使得形式与内容达到统一

二、书籍设计的要素

（一）书籍设计的结构要素

现代书籍的整体结构以精装书的整体设计为例，可分为外观部分与书心部分。外观包括函套、护封、硬封、书脊、腰封、书签带、堵头布、环衬、切口、封底等。书心的部分包括扉页、目录、章节页、正文、插图页、版权页等（图1-6）。

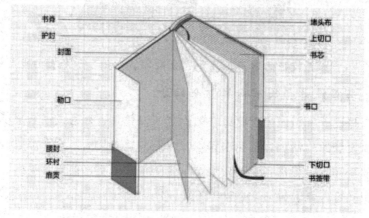

图 1-6　书籍装帧的结构要素

1. 函套

书籍函套的作用是保护书籍。中国古籍常用木质或较厚的纸板做书盒，用丝绫或蓝布糊裱书套。精巧实用是古籍精装本函套的形式特点。现代新材料、新工艺的介入与应用，如特种纸材、棉织物、皮革、塑料及金属材料的应用以及焊接、镶嵌等手法都成为打造书籍独特个性和品位的手段（图1-7、图1-8）。

图 1-7　函套对营造图书文化氛围，起到保护和装饰作用

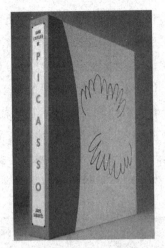

图 1-8 一分为二的函套设计，增添书籍的设计感

2. 护封

护封也称护页或外包封，它是由封面、封底、书脊和前后勒口组成，设计中通常作为一个整体，以展开的形式进行构思与设计。通过文字、图形、色彩等元素穿插运用起到广告及保护封面的作用（图1-9、图1-10）。

图 1-9 护封在保护书的同时增添画面层次

图 1-10 护封起到保护书籍和介绍书籍内容的作用

护封材料因考虑到对书籍的保护作用，多选择柔韧度较强的纸张，有的还在表面使用覆膜工艺以加强耐磨度，在触觉上呈现出光滑与粗糙的鲜明对比。视觉在受到护封图形语言强烈冲击后，经过内封可以得到减缓，最后进入阅读的文化境界。总之，护封应考虑在不破坏书籍整体风格的基础上加以巧妙构思设计。

护封的商业宣传功能需求同内封的文化艺术趣味往往呈现出鲜明有趣的对比。视觉语言的不同元素可为不同的功能要求和设计目的而发挥各自不同的作用。腰封附在护封的下方，主要作用是刊印广告语，如半个护封。它的设计主要是考虑到封面的字体和画面构图，以不破坏护封主体效果为原则。

图 1-11　荷兰 Trapped in Suburbia 工作室采用多色的书签带，提高了书籍的设计感

3. 书签带

书签带一般用丝织品制成，是粘贴在书籍天头书脊中间的，长出部分夹在书心内，外露在地脚下，作为阅读至某一处的标记。书签带宽度与颜色各有不同，一般为红色，其尺寸比书籍成品的对角线多 20mm 左右，粘在书背上 10mm，露在下面 20mm 左右。

书签带的宽度应根据书籍本册的厚度、开本幅面不同而定，一般厚度大，开本大的书籍，可选用宽丝带，反之可用窄些的丝带。颜色应与书籍封面颜色相匹配，并力求恰如其分，书签带虽小，但属书籍外观装饰，影响外观效果，所以不可忽视（图 1-11）。

4. 堵头布

堵头布是粘贴在精装书背上下两端的连接布头，因为粘贴后将书背两端盖住，故称为堵头布。堵头布的作用，一是牢固书背两端的书帖，并掩盖书帖痕迹。二是装饰书籍外观（图 1-12）。

图 1-12　书籍堵头局部

堵头布的常用颜色为白色，为了装饰书籍外观，可根据书籍档次、封面颜色等选用不同质地和颜色的堵头布，一般情况下色差不宜过大，应与护封和书的内容、品级等相适应。

5. 环衬

环衬是指内封与书页连接的部分，作用是使封面翻开时不起褶皱，保护封面平整，精装书的环衬主要起装饰收口的作用。环衬是连接封面与书心的两页跨面纸，可以是花纹装饰，也可以用图纹烘托，其图纹前后环衬可完全一致，但不宜繁杂、喧宾夺主。因为环衬与扉页是互补与渐近的关系，正如房子不能打开门就是卧室，而需要过渡一样，精装书籍加空白页是让阅读者逐步从封面喧闹气氛中安静下来，这是真正为读者着想的设计（图1-13）。

图 1-13　作品中的衬纸在书籍整体设计中起到连贯、一致的作用

6. 切口

切口指的是书籍除了订口以外的三个边。传统的手工精装书的切口都是用颜色或大理石纹理修饰，宗教出版物则常用镶金的修饰。切口设计是设计师们施展才华的新阵地，越来越多的书籍设计师开始在读者翻阅书籍时直接触摸到的切口部分巧思经营（图1-14）。

图 1-14　金色的切口与书籍封面形成整体装饰

7. 封底

封底是封面的延续，经常采用与封面对应的自然法则。封底上经常包含提要、说明和作者简介等内容。书籍封底还要预留放置条形码的位置，杂志封底还会有与本书有关的某些图书的广告，而且宣传效果比封二和封三都好（图 1-15）。

图 1-15　该设计的封底是对书籍的简介并起到宣传的效果

8. 扉页

扉页又称书名页，是书籍书心部分的首页，是使读者心境平复，逐渐进入到正文阅读的过渡部分。扉页常包含书名、作者名、译编者、出版者、出版地等相关信息，但内容不宜过多或过于繁杂。扉页多采用单色印刷，设计重点集中于书名文字与其他信息编排，有的沿袭封面书名用字，但字体要略小，有的则根据封面、环衬内容重新进行设计。设计者的设计思路与设计情感呈现出与封面既相互呼应又有差别的特征。

9. 目录及章节页

目录页起到给读者提供内容索引的作用。条理清晰、便于查找是目录应该注意的重点。如果目录突出的是标题内容，可以先放章节标题；如果把数字放在显著位置则是将重点放在导航系统上。

章节页是插附于书籍章节之间的设计，要注意其单纯性和导向性，亦可加插小图作装饰。

（二）书籍设计的视觉要素

书籍设计最重要的功能就是表现书籍的内容和精神内涵。书籍的内容和精神内涵是书籍视觉设计的灵魂。好的设计师可以充分调动各种视觉要素来展现书籍的和谐形态和精神内涵，经验不足的设计师常常顾此失彼、形神背离，或过分关注局部而忽略了书籍的整体美感。

视觉构成要素包括：图形、文字、色彩、肌理、版式、结构等。只有了解清楚书籍视觉设计各个构成要素的内容和相互之间的关系，灵活把握，才能使书籍整体美得到充分体现。

1. 文字

在书籍设计中，文字是构成书籍最基本的要素之一。文字的可读性、字体、字号、颜色和字距等都是非常重要的。不同的字体、标点、数字是书页中最小的构成要素。字体的大小、风格、组合形式等都会影响书籍的面貌。字体、字号、组合方式一旦选定就应贯穿整本书，而不应随意变化，以免造成花、乱、杂等无序状况，影响信息的有效传播（图1-16）。

图1-16　作品中不同字体与字号是用来区分语言主次的符号

图1-17　图形是最有吸引力的设计元素

2. 图形

在书籍设计中，图形是最有吸引力的设计元素。当图形和普通的文字处于同一页面时，人们往往会先注意到图形，因此，书籍设计能否打动人心，图形是至关重要的。在现代设计领域里，图形设计主要以视觉形象承载的信息来进行文化沟通。今天书籍设计师的工作已不仅仅停留在对页面的编排和图像的数字化处理上，设计师还需将作者提供的信息以最恰当的方式传递给读者，要更好地传播、接收和保留信息（图1-17）。

图1-18　封面的颜色烘托了变化流动的视觉感受

3. 色彩

色彩是书籍设计中最引人注目的主要艺术语言，是美化书籍、表现书籍内容的重要元素。它与构图、造型及其他表现语言相比较，更具有视觉冲击力和抽象性的特征。作为设计师，不仅要系统地掌握色彩技术理论知识，还应研究书籍设计的色彩特征，了解地域和文化背景的差异，熟悉人们的色彩习惯和爱好，来满足千变万化的消费市场（图1-18）。

4. 肌理

肌理所引申的意义不只是我们凭直觉去感受和简单的运用，而是要求我们对其原有属性、功能和价值加以深层次的认识和把握，使肌理不仅在视觉上，更在观念上为现代书籍设计艺术提供服务。肌理所表现出的强烈的个性色彩可诱导读者产生不同的心理反应（图1-19）。

图1-19　书籍封面的材料展现的粗糙感与文字的粗实感形成有效的整体

5. 版面

版面设计，特别是书心部分设计是书籍设计的核心，是读者视觉接触时间最长的部分。读者与书籍之间的关系是建立在版面基础上的，阅读通过版面来实现，其设计的优劣直接影响读者阅读的心理状态。好的书籍版面设计使阅读流畅而富有趣味性和愉悦性，通过版面空间的点、线、面的组织和安排，色彩的巧妙经营，不仅能给人以美感，且能表现出书籍的品位和特有的文化意蕴以及时代气息（图1-20）。

图 1-20 对称的版面编排，使内容的阅读品位具有时代气息

第二节 书籍设计的主要原则

书籍设计是激情迸发与客观现实要求互相较量的艺术设计，是糅合了众多因素而达到和谐统一的艺术设计。书籍设计体现了一个国家文化水平和工艺水平的高度。不同地域国度的作品，散发出不同的风格魅力，体现了各自浓郁的民族特点。

时代的进步使书籍设计面临着一个个新的挑战，创作出既能给人以思想启迪又能给人以高雅艺术享受的书籍，是现代书籍设计的基本设计理念。

一、书籍设计的原则

（一）内容与形式高度统一

一本好书，不但要有好的内容，还要有好的形式，形式由内容而生，又依附于内容；内容表现为形式，又决定形式。书籍设计一定要做到"表里如一"，也就是内容和形式的统一。这就要求设计者熟悉书籍的内容，掌握书籍的精神，了解作者的风格和读者对象的特点，通过提炼书籍的精神内核，用美的形式使书籍的生命升华。

一本书想要吸引、打动读者，需要设计者具有良好的立意和构思，要做到内容和形式的统一，要注意自身各方面的修养，博览群书，积累信息，不墨守成规，要具有创造性思维能力。除此之外，设计者还应掌握各种艺术技能，学会利用一切工艺手段来进行设计。只有通过艰辛的耕耘，不断求索，寻找内容和形式的结合点，才能创造出好的作品。

图 1-21　书籍的封面、扉页在表现形式上的统一性便于读者的阅读

书籍主题和版面在表现形式上要高度统一，不但要将书籍主题、风格、视觉感受形成整体构架，更要使书籍主题、表现形式、读者认同联成一体，起到沟通诉求的作用。不同的题材、不同的背景和不同的阅读对象，采用不同的版式表达，要始终保持内容与形式的统一、协调、自然（图1-21）。

（二）对书籍设计整体与局部的思考与把握

书籍设计主要包括对书籍起宣传和保护作用的函套、护封、封面等设计；对书籍环衬、扉页、正文、插图、版权页等核心内容的设计；对书籍整体形态及材料、开本、精装、平装、纸张、印刷、装订等工艺的设计等。为了使书籍的风格整体协调，应统筹考虑，使各部分之间互相配合，成为一个完整的统一体（图1-22）。

图 1-22　封面的设计风格与内页设计形成统一感

（三）将艺术与设计进行完美结合

书籍设计通过艺术形象的形式来反映书籍的内容。在科学技术发达的今天，无论是设计思维、创作手段，还是各种材料和印刷工艺，都要求体现其技术性。一项优秀的书籍设计，首先要体现其立意的深度，这是一种内在的美，充分反映了设计者的艺术修养；其次必须有相应的技术才能把思想表达出来，只有将两者有效地结合，才能给书籍设计带来广阔的空间，这是书籍设计质的飞跃（图1-23）。

图 1-23 设计运用新型的线性装饰使书籍的设计感大大提高，
提高了读者的阅读积极性

图 1-24 采用几何图形不仅符合书籍内容，而且能够吸引读者的视线

好的设计形式能符合现代人的审美需求，要大胆地糅合时尚元素，提升书籍的价值（图1-24）。

图 1-25 大量留白的封面设计中，抽象元素起到吸引注意力并呼应书籍的内容

（四）对抽象与具象的准确把握

从艺术的角度来看，书籍设计可以分为具象和抽象两大类。真实的原则，容易引起人的重视，具象的形体，给人信任感。具象艺术总是准确、形象、深入地表现对象。抽象艺术是在似与不似之间找到一种设计语言，用抽象的形态来暗示或表达书籍内容的思想或概念，造就一种视觉冲击力和形式美感来吸引读者，开启读者更多的思维空间。在书籍设计中，应使具象美和抽象美这两种原则水乳交融，把抽象形式寓于具象形态之中，具象形态的借用又能产生抽象的艺术语言

（图1-25、图1-26）。

图1-26　运用具象形的镂空效果能够给读者较深的印象

二、书籍装帧设计师应具备的素质与能力

（一）沟通意识

一本书的装帧设计是否成功，不仅要依赖于一个有才华的设计师，还要依赖于一个有眼力的好编辑。装帧设计就像做菜一样，需要文编和美编的配合，才能"色、香、味"俱全，沟通在设计过程中也很关键。

（二）整体策划意识

一位合格的书籍装帧设计师在设计之前，应该了解和研究该书的内容和市场价值，阅读群体，市场同类书的设计方式、印刷工艺和价格定位，了解读者的所思、所想、所求。

（三）民族文化意识

书籍设计的民族特征性语言是民族文化精神的自然流露与体现，民族传统文化是书籍设计的底蕴与依托。优秀的书籍设计与内容浑然天成，是宣扬民族文化的重要手段，但民族化并不等于复古，而是文化的再创造和再发展。传统本身不会终止，文化传统有其连续性。设计师在设计过程中可以把丰富的传统视觉元素和文化精神作为养料进行现代的艺术设计创作。

第三节　书籍设计的功能与价值

由于图书市场竞争的日益激烈，书籍设计的实用性、艺术性、商业性价值越来越得到人们的重视。其实装帧作为一个词汇的整体，本身就是一个艺术美的命名，既有艺术性的含义，也有功能性的含义。书籍的社会功能可以概括为三个方面：功能的实用价值、艺术的审美价值、商业的经济价值。

一、书籍设计功能的实用价值

书籍的发展、装订形式的变化改进，都随着社会的发展而越来越适应实际使用的需求。书籍设计的重要任务就是设计书籍的形态，承载书籍的内容，有利于读者阅读。载录得体、翻阅方便、阅读流畅、利于传播、易于收藏，这些便是书籍设计的实用价值的具体体现（图1-27）。

图1-27 作品的设计不仅在功能上便于收藏，而且在设计形式上也具有简约的风格

二、书籍设计艺术的审美价值

读者接受书籍内容所传达信息的过程，也是其享受书籍设计艺术的过程。通过书籍形态的塑造，设计者把自己对文字内容的理解转化为设计者的情感，让读者在阅读时被装帧设计所烘托出的阅读氛围感染。在装帧的形式意味中如梦般地陶醉，并从中感受到人类的智慧和社会的进步与发展，从而得到美的享受，这就是书籍设计的审美价值（图1-28）。

图1-28 大胆地使用了添加材料，使得书籍别具一格

三、书籍设计商业的经济价值

书籍作为艺术商品，它销售出去的不仅仅是书籍的内容，更包含了书籍的装帧艺术。书籍的商业价值是实用价值与审美价值的综合结果，我们也可以说书籍设计是作为书籍的附加值使其更具商业价值的，而且它不仅仅是书籍的附加值，

更是造就书籍本身价值的重要组成部分。随着社会的发展和人们精神需要的不断提高，人们对书籍的装帧要求也不断提升，书籍设计成了关乎出版社经济效益至关重要的因素，甚至它已经不局限于可以让书"卖个好价"的经济效益了，它的意义更在于书籍设计艺术所创造的美为书籍本身价值增添的永恒的意义（图1-29）。

图 1-29　简约的设计与传统图案、文字大大提高了书籍的商业价值

第四节　书籍设计的基本原理

装帧是在中国出版流程中经常使用的词，但概念始终不是很清晰，因为中国古代用语中没有"装帧"这个词。据当今已有的资料记载，有传此词在 20 世纪初由日本引入中国，至今还不到一百年。查阅以往的辞源、辞海，均找不到"装帧"的词条，这反倒说明中国古代书籍设计艺术与技术在"装帧"这个词舶来之前就早已存在，并有其数千年悠久的书卷文化传统与历史，而非装帧使然。

中国有许多优秀的设计家并不满足只为书籍做打扮的工作界面，他们排除各种困难，创作出大批经典的传世之作。但无奈那时的社会环境、经济条件、出版体制、观念意识等诸多因素，并不能使设计师充分发挥他们的才智和创造力，更由于装帧原意中装潢加工的解读，而无法注入全方位的整体设计理念，而仅仅停留在增加吸引力和艺术化表现层面，致使他们的创意认同和劳动价值至今得不到完善如实的兑现。更有甚者，很多设计师还在被某些出版部门当作生产机器使用，只得低质高产，或者干脆改行当文编，承担利润指标。中国改革开放以来，新的信息载体传播态势已要求改变这一局面，首先要改变观念，认识到装帧概念的时代局限性，作为书籍设计者与文本著作者一样，是书卷文化和阅读价值的共同创造者，他们一定能以新的理念，付出心力和智慧，展现出中国书籍艺术的魅力。

一、从属原理

书籍设计一定要从属于书籍的不同内容、气质、用途和对象。设计者不可能把一本书的全部内容都设计在封面上，因此书籍设计需要的是设计者的文化素养和审美能力，需要的是在形象思维的过程中挖掘书籍内容的更深层含义，觅寻主体旋律，概括浓缩、提炼出该书的精神内核，以孕育出最能体现书籍风格的表现形式。

《黑与白》（图1-30）反映的是澳洲人寻根的小说，主要讲述的是白人与土著人之间的各种矛盾冲突，设计者力图将白人和土著人之间的矛盾用黑与白对比的方式渗透于全书。封面、封底、书脊、上切口、下切口、外切口以及正文版式等都呈现出黑色与白色的冲撞与和谐。在版面上跳跃在天头与地脚的袋鼠、澳洲土著人的图腾纹样的排列变化、暗示种族；中突的黑与白三角形，均使人在视觉上得到刺激与缓冲。整个设计很好地把握住了书籍的内涵，把用文字反映的人类社会、历史、地理、种族等语言视觉化、抽象化、形式化，给读者一个既不游离于原著又扩展到原著之外的想象空间。

图1-30 《黑与白》

鲁迅先生为自己的杂文集《坟》设计的扉页（图1-31）并没有直接表现出坟的图形，而画了个猫头鹰。可正是这个与内容直接关联的主题，却给读者留下了思考的余地。猫头鹰是夜行鸟，与黑暗有直接联系，而且猫头鹰的叫声被民间认为与死有关，因此这个设计无论从气质上还是从内涵上看都与《坟》是相一致的。而这个设计更深一层的含义是，《坟》对传统封建势力的批判，就像正人君子讨厌猫头鹰的叫声一样，猫头鹰的出现暗示了封建势力终要灭亡的真理。

图1-31 杂文集《坟》的扉页

所以说书籍设计一定要从属书籍内容，这个从属性是不可更改的。同一本书的设计我们可以用不同的构思、不同的表现手法、不同的材料来表现，但万变不离其宗，"宗"就是书籍的精神内核。我们一旦抛开从属性，其设计就不是专为某一本书而作的设计，而可以安排给任何一本书了。

二、独立原理

书籍装帧设计的本质是要潜移默化地感染人，并给人以美的享受。它是由各种艺术语言形成的艺术品，有其独立于文本而存在的艺术价值。主要表现在以下几方面。

（一）立体性

书籍设计虽然是在平面上实施的，但书籍通过装订后成为一个六面体，所以说书籍设计中的开本设计、书脊设计等具有三维立体性，这是电子读物所不具备的。

《梅兰芳全传》的设计（图1-32）达到了三维空间的演化，书籍六面体的每一个面均有其特别的功能。特别是充分利用切口这一个平面的左右翻动，将梅兰芳的两幅不同图像呈现在读者面前，让读者在翻阅书籍的时候能感受到这种三维的"空间设计"。所以说书籍设计艺术是空间艺术，是非常富于情感色彩的表现艺术。

图1-32　《梅兰芳全传》的设计

（二）四维性

书籍设计的构成元素函套、护封、封面、环衬、扉页、正文、版式、插图等既独立存在，又协调呼应，使书籍设计的整体关系一脉相承。当读者拿起一本书时，视线的扫描、手的触摸及翻动着的书页之间构成了在时间上延续的一种关系，这是添加时间的因素组合而成的"四维空间"。

首先吸引读者视线的当然是书籍的封面。如果封面成功的设计能引发阅读欲，读者就会翻阅内文，这时环衬设计、扉页设计、版式设计、插图设计就开始发挥作用了。纸质的手感、字体的大小、空白的艺术、章节的过渡、插图的解说等都会在读者的视知觉中留下相应的烙印并引起一连串的阅读心理反应。这是一个复杂的过程，图书也只有被读者翻阅时才构成四维空间。这个四维空间里动与静、主观与客观、时间与空间并存。这一过程存在着时间差，而优秀的书籍设计者正好巧妙地运用了这一时间差，利用前后画面的承接、变化、暗示，通过各种设计元素的相互穿插，在读者的头脑中形成一个完整的因果关系和逻辑过程，从而把书籍内涵通过时空充分展现出来，使读者在书籍的翻阅过程中、在时间的流动中形成对全书的整体艺术效果的认识。

（三）编辑性

书籍是编辑的结果，而书籍设计是一个复杂的形象思维活动的编辑过程，所以说它也是编辑的结果。

当书籍设计者为一部书稿作设计时，首先要了解该书的内涵，找出书中与主题有关的精彩片段，这样才能很好地把握住该书的设计形式是具象，还是抽象；是简洁、还是复杂等。设计方案一旦确定，选择合适的字体、字级，调整版心、页码的位置，调动设计艺术中能体现书籍主题的相关元素、符号等，加以推敲、整理，以最佳的视觉图形展示出该书的内涵。

这种将有一定信息量的文字、必要的可视图形、丰富协调的色彩等编辑复合而成的书籍艺术的表现力，构成了书籍的文化信息传播和收藏价值的品位性。这一编辑过程包含了设计者的美学观念，能显示出设计者在形式处理上的创造性，使书籍内容通过设计者编辑后，更为生动而更加吸引人。

书籍设计者的任务就是通过对诸要素的编辑，使书籍达到外表与内在、形态与神态的完全统一，这也正是书籍艺术的魅力与价值所在。

（四）广告性

书籍的价值最后需要通过市场行为才能得以实现，所以说书籍是商品，书籍设计就有必要引进其他商业设计的广告语言。书籍设计以引人注目、诱导购买为目的。在生活节奏日益加快的今天，书籍的广告性就越显得非常重要。

书籍以为读者服务为目的，它和纯艺术有本质上的区别。画家可以把自己对生活的认识、理解、感受通过自己的作品表现出来，发泄个人的情感，表达个人的意愿，抒发个人观点。而书籍设计就不同了，它只有一个目的，就是把作者和读者联系起来，把书的内在精神、品格和特色通过设计形式告知读者，让寻求各种知识的读者在书的海洋中轻松找到自己需要的东西。

当读者走进书店准备浏览书架上的书籍时，人与书的视点距离是3米；当读者被书籍吸引后向书籍走近时，人与书的距离是1.5米；当读者开始翻阅书籍时，人与书的距离只有0.3米，这就要求书籍的设计首先要有3米远的大效果拉住读者的视线，同时也要有"0.3米"的耐人寻味的细节。在这从"3米"到"0.3米"变化的短短几秒钟内，从信息传递的顺序看，读者首先感受到的就是色彩、造型；从视觉效果讲，强烈的画面比文字更具有说服力，它能以自身的魅力把读者的视线吸引过来；从视觉心理分析，现代社会的大量文字、数据信息给人们造成心理疲劳，使人们需要用色彩丰富、视觉冲击力强的图形来调节视觉心理的不平衡。所以说书籍设计是否具有强烈的视觉冲击力，是否能吸引读者视线，这对书籍尤为重要。

社会飞速发展，高科技已广泛深入到普通人生活之中，计算机二维、三维图像在电影、电视、广告中的利用，以其崭新的视觉冲击为世人所接受，现代人已不愿仅限于或传统的、或流行的观念，而是更注重于现代艺术的表现形式。设计者无法使艺术脱离这个时代，只有个性较强的新手法、新形式的设计才能满足现代人的心理追求。所以说，现代观念和全新手段是制约和影响现代书籍设计成败的关键。

书籍设计有其鲜明的广告特点，加深认识和掌握广告性在书籍设计中的作用，把一部优秀书籍广而告之给广大读者，是每位书籍装帧设计者的责任和义务。

三、工艺原理

书籍设计者在结束策划、完成设计稿后，只能算完成了书籍设计的一半工作，另一半工作必须通过工艺制作才能真正完成。因此，纸张、材料，以及制版、印刷、装订等工艺的选择是实现构想和设计意图的重要因素，而经历了生产过程，产生了书籍，这时才能算是书籍设计的真正结束。

在现代书籍设计中，利用纸张和材料来体现现代气息的设计风格已很普遍，不同纸张代表不同性格．应用在不同内容的书籍中可传达出不同的书籍艺术语言。有时一些书籍的设计不是通过图形、色彩来吸引读者，而是完全利用印刷工艺中的各种技法来取得极佳的视觉效果。还有能发出声音或带气味的书籍，打开后呈立体或带有影像活动的书籍，以及电子出版物的问世，这些都是书籍的工艺技术发展的结果。

随着时代的进步，人们对书籍设计的要求也提高了，然而许多书籍设计者往往把工作的重心放在立意和做设计稿上，对后期的制作并未给予足够的重视，其结果是作品与自己的初衷总有偏差。当然，有诸多因素的作用，严重影响工艺的进步，给书籍设计带来限制。如果书籍设计者在设计前没有考虑到这一特性，那么设计出来的作品常常会脱离现实，或难以生产，或成本太高，使成型后的书籍很不理想，无法完成书籍的使命。

所以说书籍设计者必须在设计与工艺制作过程之间相互协调、密切配合，使设计在最佳的工艺中表现出来。一个优秀的书籍设计者既要勤于设计艺术的各种技能，又要精于工艺技术的各种基本知识。懂得印刷，明白一本书是如何诞生的，掌握用何种手段可产生何种效果的技术，这些理论对于如何用后期的制作技巧辅佐前期的设计极为重要。

第五节　书籍设计的基本过程

书籍设计是一个系统工程，如今读者的审美水平不断提高，获取信息的渠道来源更广，人们对书籍的要求已不仅仅是为了获取知识和信息，还要求从阅读上获得更多乐趣，要求阅读过程更轻松。这也给设计师们提出了更高的要求（图1-33）。

图1-33　设计的创意要贯穿始终，形成整体

一、确定主题

在接受设计任务时，要弄清书籍的类型、主题、基本内容、读者对象、开本、印刷工艺和档次等基本情况，同时，基本素材也要齐全。其中的要点是对书籍类型和主题的理解。

在出版社或设计公司，选题一般都由编辑或客户选择，设计者不可能单纯地围绕自己的喜好选择，只能根据对象培养感情，因此，设计是受到一些局限的。而在教学模拟训练中，由于没有这种限制，学生的积极性和自主性会空前提高，想法往往天马行空。因此，确定几个大致的命题方向供学生选择，加以适当引导，既保证了设计的规范性，也能够让学生充分地发挥创意空间（图1-34）。

图1-34 画册的设计符合简约明了的特点

二、阅读原稿和风格定位

书籍设计是为书籍内容服务的。在设计前阅读内容有助于设计者对书籍形成整体的风格定位，了解书籍的精神内涵，从而明确该书的性质、读者对象等基本要素，使书籍成为由内向外渗透出赏心悦目魅力的作品。

图1-35 图片和标题直接表现书籍内容，能够更有效地传达信息

从整体出发，根据书籍主题、类别、读者对象确定风格，以寻求最佳的表达方式。如果读者为女性，可设计得清秀雅丽些；如果读者是儿童，设计时则可以偏向于阳光艳丽，童趣些；如果读者是30岁以上的男性读者，就需设计得成熟、肯定、厚重些。此外，书籍的类型、发行的区域、读者的职业等因素都要进行定位规划。可随手多画几个草图，再从中选定一个最合适的作为正稿，构思时要注意变化与统一、对比与调和等形式关系，风格定位是整个版式设计成功与否的关键因素。其要点是凸显特色，个性鲜明，定位准确（图1-35、图1-36）。

图1-36 作品从整体风格上符合书籍内容性质

三、资料的搜集与分析整理

资料的分析与整理有助于设计者了解同类书籍的读者群、价格、装帧、风格、开本、最新的印刷工艺、材料等相关信息，设计师甚至还可以与图书的作者或编辑沟通，进行讨论后提出创意与方案，为后期设计积累相关素材。

四、创意深化

创意深化是在吃透原稿的基础上，在脑海中对整本书的大致形态，进行文字内容的视觉化构思阶段。设计者对书籍的读者群、体量、开本、大体色调、装帧材料以及印刷、装订、裁切形成整体印象，以便设计方案更有针对性。然后确定以何种形态为视觉核心，并在版面中确定一个视觉焦点，设定初始的诉求语言。其要点是定位要准确，具有极强的针对性（图1-37）。

用笔将心中构思大致勾勒下来，有利于捕捉脑海中稍纵即逝的灵感，也有利于设计想法的系统化。往往草图做得精确，更有利于后续工作的开展。如吕敬人为书籍《梅兰芳全传》设计的草图（图1-38），图中对书籍最有特色的表现形式——切口，有比较详细的描述，另外对于封面、书心版式、封底都有所考虑，书籍成型后，几乎完全忠于草图（图1-39）。

图1-37 《尚小云全传》书籍书口位置的独特设计

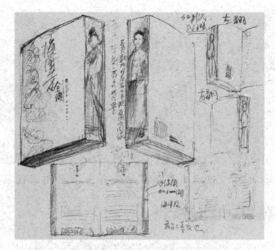

图1-38　吕敬人手绘设计稿

图1-39　吕敬人设计的《梅兰芳全传》成稿

图1-40　作品中采用具有发射特征的倒置头像，形成强烈的视觉效果

导入文字、图片，按设计需要对图片、文字进行装饰加工。字体、字号及色彩的设计要有针对性、前瞻性，使之具有个性和特色。同时，图片也要进行选择、裁切和修饰。如有必要，可使用电脑滤镜特效对图片进行深度加工、创意，使之更具鲜明的个性和视觉冲击力（图1-40）。

五、开本的选择

开本一词是书籍进入册页装订之后形成的，更确切地说，在机制纸与机械印刷术出现后，才真正确立了开本的概念。开本是指一本书的幅面大小，是以整张纸裁开的张数作标准来表明书的幅面大小，只有确定了书籍开本的尺寸后才能进行一系列的设计工作，包括确定版心、版面布局、插图设计、封面设计等。在确定一本书的开本时，要对书的整体设计有大致的想象。确定书籍的开本大小，应考虑以下几个因素。

1. 了解书籍的性质和内容，开本的高与宽就已经初步决定了书的"性格"。

2. 读者对象的层次结构以及书的定价。

3. 原始稿的篇幅。

4. 现有此类书籍的开本规格。

书籍的开本作为外在的形式，是一本书对读者传达的"第一句话"。好的开本设计不仅会给人们留下良好的第一印象，而且还能体现出书的实用目的和艺术个性。开本的设计要符合书籍的内容和读者的需要，不能为设计而设计，为出新而出新。著名设计师吴勇说："书籍设计主要体现设计者和书本身的个性，只有贴近内容的设计才有表现力。脱离了书的自身，设计也就失去了意义。"

满足读者的需要始终都是开本设计最重要的原则。小开本表现了设计者对读者衣袋、书包空间的体贴，大开本能为读者的藏籍和礼赠增添几分高雅和气派（图1-41）。

图1-41　大度16开本

（一）开本的形态

开本的形态同纸张的规格有着直接关系。我国现在常用的纸张规格为787mm×1092mm（正度），889mm×1194mm（大度），进口特种纸的尺寸为700mm×1000mm等。由于纸张尺寸不一，即使开数相同，所得纸面大小也是不同的，如：

787mm×1092mm的32开为正32开，规格为136mm×197mm。889mm×1194mm的32开为大32开，规格为146mm×209mm。开本的尺寸在成书之后都略小于纸张开切成小页的实际尺寸，因为书籍在装订之后，除订口外其他三面都要经过裁切和光边，例如：787mm×1092mm的纸张，开切成32开本的尺寸为136mm×197mm，但在印刷装订过程中，常常不可避免地会损耗一部分纸边，在装订成册时，还要在书籍的天头、地脚和书口三面各切去3mm的毛边，所以32开本的完成尺寸，一般就只有130mm×186mm。

（二）开本的类型

1. 大型本

12开以上的开本适用于图表较多、篇幅较大的厚部头著作或期刊印刷。

2. 中型本

16开至32开的所有开本，属于一般开本，适用范围较广，各类书籍印刷均可应用。

3. 小型本

适用于手册、工具书、通俗读物或短片文献。如46开、60开、50开、44开、40开等。

在书籍的世界里，我们都曾有过这样的体验：散文和诗集开本狭长——省纸，并且别致优美；少儿读物使用方形大的开本，多是24开，以图为主，文字少；画册、摄影集、专业类书籍大多在18开以上，多以图版为主；还有一些异形开本，要根据书具体的内容决定，以便达到新奇、新颖的效果（图1-42）。在设计过程中，开本大小也是根据书的篇幅多少来决定的。在确定开本时，一定要注意它最后成书后的宽、高比例关系。

图1-42　各种开本设计的书籍

（三） 纸张的开切方法

纸的开切方法常用的有以下几种。

1. 几何级数开切法

开本的大小切为上一级大小的一半，几何级数开切法对纸张的利用率较高，全用机器折页，印刷和装订也较为方便。

2. 直线开切法

直线开切法开出的页数，双数和单数都有，并且不能全用机器折页。

3. 纵横混合开切法

纵向和横向不沿直线开切，纵向和横向都有，不利于技术操作和印刷的质量。

（四） 开本的规格

1. 基本开本

任何规格的全张印书纸均可裁成对开、4开、8开、16开、32开、64开、128开……其中16开、32开、64开普遍使用于各类书籍，8开、4开、对开及全开多用于画册、画报、报纸和单张画或招贴画，128开、256开除应用于袖珍本之外很少使用。开本基本上是按照纸张长边对折开法，开数成2的几何级数。这种方法适用于装订时使用机器折页。运用不同的对折的开法还可以产生不同的开本形态。如16开的纸对开成32开，可开成竖、扁二式。再如全张纸开成4开，可开成长方与长条二式。

2. 变化开本

采取了不对称或对等与对等相组合的折裁法，可开成3开、6开、12开、15开、20开、24开、28开、30开、36开、40开、42开、48开、50开、100开等。

按变化开数裁切也有不同的形态，如20开、15开各有方、长二式，同样，36开有长方和窄长二式，42开有方和窄长二式。

3. 特殊开本

因为出版上的某些特殊考虑，必须采用某种特殊开本时，结合我国现有纸张规格，可采取不规则的开切法，形成特殊开数。如5开、7开、11开、14开、25开、27开、35开、44开等。

特殊的开本既不便于开数计算，又不适于机器折页，有的开切后还有剩余纸边（零头），纸张不能充分利用，造成浪费。另外，这种横竖拼排切出的纸，纸的纹路就出现有横竖丝的区别。横竖丝的混合使用会影响书籍的外观，所以一般避免采用特殊开数。我们进行版面设计时，一般不轻易打破通常的开本规格（图1-43、图1-44）。

图 1-43　特殊设计的开本

图 1-44　针对读者人群的特殊开本设计

（五）开本与黄金分割

开本有美丑之分，开本的高、宽比例是否美观，可由经过技术训练的眼睛判断。在不按照规定的开本，另外设计新的开本时，就需要根据书籍性质、读者对象、价格计算，去探求美观的高宽比例。

古今中外，书籍的基本形态总是长方形的，这种长宽的比例不仅是根据实用的要求得出的，而且包含着一种美的形式规律——黄金律。

黄金律的长宽比为1∶1.618，可简化为2∶3、3∶5或5∶8。其计算方法是：宽×1.62=长。黄金律这一比例标准从古希腊出现至今，一直是美学家、建筑学家、数学家、天文学家和心理学家进行探索并广泛应用的一种最理想的比例法则。

根据黄金律的启示，人们在纸张的规格及书籍的开本尺寸上，总结出接近这一比例的多种规格。如32开为1∶1.415，长32开为1∶1.732，长36开为1∶1.673。但是任何一种美好的东西也不可能代替一切，我们还应根据这一规律进一步探索书籍开本新的比例和新的形态，以适应书籍的发展（图1-45、图1-46）。

图1-45 生活中多为黄金分割比例的书籍

图1-46 正度32开

　　事实上，根据长期积累的经验，开本的高宽比例已经是多种多样的，这也导致了开本的样式过于繁多，不仅提高了生产成本，而且使得书籍紊乱，放在书架上很不雅观。丛书的目的就是把许多同一类的书籍用一个相同的开本统一起来，使其具有整齐美。开本的大小和良好比例的求得，可以用墨纸剪成两个90°的直角条在白纸上拼合成一个方形——上下左右移动直到满意为止，在做这种试验时，也要考虑到与版心的联系。

六、图文的编排

　　书籍的内页主要由文字和插图两种要素组成，如何将这两种要素在版面上进行组合，我们可以参考下面的几条形式美的法则。

（一）变化与统一

　　变化与统一本来是一个对立的概念，也是形式美的总法则。要将其同时建立在一个画面内，主要的目的就是追求其本身的差异性，这种差异，是最基本的美感。在设计中，统一是主导，变化是从属，做到"整体统一，局部变化"，以统一来维持作品的整体性风格，以变化来打破陈式中的单调，激活版式效果（图1-47）。

图 1-47　作品中的黄色的运用形成书籍设计的统一性原则

（二）对称与均衡

对称是指两个基本形同等同量且并列或均齐的排列形状，方向、大小、形状完全吻合对应的关系。这种关系给人以安定、肃穆、整洁、沉静的感觉。均衡则是一种等量不等形的状态，是一种有变化的平衡。根据力的重心，以视觉心理为尺度，感受到视觉上的适应心理。在设计时，两者要有机结合，灵活运用，特别是要根据不同题材类型来决定两者之间的关系倾向（图1-48）。

图 1-48　对称的构图形成画面的视觉焦点

（三）对比与调和

对比是把反差很大的两个视觉要素搭配在一起，形成大小、粗细、强弱、曲直、厚薄等强烈异感的形式手法。如大面积的文字中凸现出一个图片；又如粗体字和细体字混排等。而调和的作用，是削弱对比的绝对性和极端性，起到衔接和协调的作用，使作品更丰满统一，层次多变，主次鲜明。其特点是能产生强烈的差异感，突出主题，给人以深刻的印象（图1-49）。

图1-49 通过图片的黑白色调，形成画面色调的对比

（四）节奏与韵律

在版式设计中，节奏是指同一视觉要素按一定的秩序连续重复排列时所产生的运动感，是一种视觉上的周期性的规律。韵律的表现是表达动态的构成方法之一，在同一要素周期性有变化地反复出现时，会形成运动感。

在设计中，视觉节奏往往是通过视觉元素强弱、疏密、大小、明暗、前后、轻重来体现的，形成一种秩序美，韵律的动态感非常明显。流畅的文字版式、舒张的线条和连续起伏的视觉要素编排往往能给人以韵律之美（图1-50）。

图1-50 通过图片的鲜明色调，形成活泼的节奏感

（五）整体与局部

整体是由无数个局部构成的，整体与局部是相互依存、相互对照的关系。设计的终端目标，总是建立在整体上的。因此，主次和轻重、虚实和呼应以及版式视觉要素的构建，都会以追求完整与和谐为目的。

（六）条理与反复

条理是指在设计中将点、线、面、黑、白、灰等视觉元素按照一定规律、秩序进行有机组织编排。反复是指同一基本形在同一平面内反复出现。在版式设计中，这种重复的效果往往能产生有序的层次感和空间感。如果连续出现的基本形能体现整体、和谐或类似的感觉，更能表达出视觉上的韵律感。

根据图文编排法则及视觉流程的定位，对图文进行组织编排合成。视觉流程是一种视觉空间运动，是视线随着各种视觉元素在一定的空间内沿着一定的轨迹运动的顺序过程。好的视觉流向，不但符合人的视觉习惯，更能引导人的视觉阅读流向，从而有效读取视觉信息。图文的编排以视觉焦点为基础，确定初始的表达程式和阅读顺序（图1-51）。

图1-51　作品中出现的同心圆和色彩形成有序的条理与反复

七、版面整合

这是一个梳理、对照和调整的程序。梳理是指从头到尾，从整体到局部，从构思制作到打样出片，进行一遍仔细地印前检查，删除个别无关紧要的视觉要素，强化版面空间，使版面整体简洁、大气。对照，指以当前视觉效果与确定视觉焦点定位的初始设想寻求表述上的一致，反复试读作品视觉流程的流畅性，反复比较作品在思想、语言及视觉表述上的独立性和求异性，并对不足之处做必要调整（图1-52）。

图1-52　通过各种图片的排版，便于读者区分

八、定稿

再次检查作品的最后效果，并确定各细节无误图后，对版式作品确认并提交。

第二章　书籍设计的发展与演变

书籍不仅仅承载着人类的历史与文明，它本身就有一定的历史价值。书籍设计的发展与演变体现了书籍的传承，本章即从历史的角度出发，对中西方书籍设计的发展进行细致的研究与分析。

第一节　书籍的原始形态

一、中国书籍的原始形态

（一）结绳书、契刻书

1. 结绳书

《周易·系辞下》云："上古结绳而治，后世圣人易之以书契。"《庄子·箧篇》云："昔者容成氏、大庭氏、伯皇氏、中央氏、栗陆氏、骊畜氏、轩辕氏、赫胥氏、尊卢氏、祝融氏、伏羲氏、神农氏，当是时也，民结绳而用之。"这些话说明，在远古时代，生产力非常低下，采用原始、简陋的生产工具，先民们为了交流思想、传递信息，有过结绳记事的阶段（图2-1）。

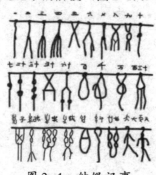

图2-1　结绳记事

"结绳的作用在于以一定的绳结和一定的思想联系起来，有了'约定俗成'的作用，所以能够成为交流思想的工具。"这时的结绳已经具有了某种书籍的作用，虽然它"不是书契的祖宗"，与文字的产生没有直接的关系，但是它是示意的，表明一定的内容，为以后文字的产生从意义上提供了前提。

2. 契刻书

在我国少数民族中还流行过刻木记事，图2-2为我国过去所用的刻木。先人们在木板上刻上缺口（符号），缺口刻得深的，表示重大事件，刻得浅的，表示事件较小，也有人讲是表示数目的。汉朝刘熙在《释名·释书契》中云："契，刻也，刻识其数也。"数目是比较容易引起争端的事，契刻缺口表示数目，以帮助记忆，作为双方的"契约"。它实际上也是"契约"一词的含义，是古代的"契"。"契"在《现代汉语词典》中的解释就包括"刀刻"和"契约"的意思，大概也是从远古的契刻引申而来。契刻的缺口有的刻在木板上，有的刻在竹片上，还有的刻在骨头上。

图2-2　契刻书

除结绳、契刻之外，还有些其他的表述方法，都是为了加强记忆，示意某种事件。结绳的绳结和契刻的缺口，代表着一定的思想、一定的意义，和书籍中的一段话或者一篇文章有相似的作用（虽然绳结和契刻的缺口是无法读的），把结绳和契刻理解成远古时代的书籍，或至少是书籍的初期形式，也是有一定道理的。它的用料是绳子、木板、竹片和骨头等。它的"版式"很是独特，绳结的大小、刻口的深浅及刻口的不同形式，都包含着丰富的内容。虽然不是文字，但在某种意义上却起到文字的作用。

结绳、契刻，虽然可以理解成书籍的初期形态，但它们毕竟不是文字，只不过是记忆的辅助，还远不是语言的符号。经过长期的实践和发展变化，却为图画文书的出现提供了启示。

（二）图画文书

图画是远古人们交流思想的一种方法。在旧石器时代，人类已经能够在他们所居住洞穴的墙壁上画画。旧石器时代晚期，约两万年前的山洞里的壁画野牛、大象（图2-3）等就是古代图画。"所谓古代图画文字，就是用图画来传达意思的文字。特点是用整幅图表示意思，本身不能分解成字，没有固定的读法。"

图2-3 内蒙古阴山新石器时代岩画

我们的祖先用简单的线条将所看到的东西描绘下来，成为一幅幅的图画，这些写实的画逐渐变得抽象，其造型方法又与古代象形文字相一致，其意义更加丰富。这些画与整幅的文字有相似的功能，是先民们进行宗教活动、记录重大事件的主要手段。岩石上的画，也称岩画，是岩石上的史书，是一部以图画方式描绘在岩石上的史书。图画文书主要刻画在岩石上，既是原始社会的百科全书，又是远古时代的历史档案。图画文书传达着信息、交流着思想，从这个角度审视，从图画的实际意义及它的历史作用来说，它已经起到书籍的作用，是我国古代书籍的初期形态之一，故称它为图画文书。

图画文书的承载物是石壁，承载图画文书的石壁分布在全国各地，其形状和大小是大不相同的。如果用现代装帧语言描述的话，那么图画文书的"版面"是千奇百怪的，其特点是硕大无比，是其他各种形态的书无法比拟的。图画文书有的是刻的，有的是画的，无法搬走，也无法装订。我国现存的图画文书大都发现在边疆地区，属少数民族的文化遗存。而中原地区人口稠密，山川面貌改变较大；同时也由于中原地区文字出现得很早，图画文书难觅踪迹。随着文字的出现，图画文书也就逐渐消失了。

图画文书在中国书籍史上占有重要的地位，在中国文字史及绘画史上，其作用就更明显了。图画文书到了新石器时代，绘画与文字逐渐分开，但文字脱胎于图画的痕迹仍然非常明显，甲骨文就保存着相当一部分象形的图像，从中可以窥见文字起源的信息。书画界经常讲"书画同源"，这个"源"就是指图画文书。中国的绘画从岩石上的图画文书开始，虽然到后来出现了各种各样的类别，但始终依靠线条来表现。中国的文字是从图画文书中演变、简化、抽象而成。

（三）陶文书

半坡遗址出土的六千年前的彩陶上，刻着许多类似文字的图画（图2-4），它已经和远古时期的图画文书有了很大的区别。我们称这个时期，在彩陶上出现的符号性的文字为陶文。郭沫若在《古代文字之辩证的发展》一文中说："彩陶和黑陶上的刻画符号应该是汉字的原始阶段。"

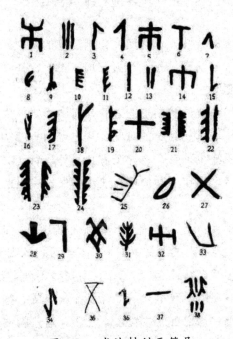

图2-4　半坡村刻画符号

1951年发现郑州二里岗遗址，在遗址中的二里岗文化的陶器和陶片上，有刻画记号的，这些记号就是文字符号，并不是定型的文字，这是商朝的遗物，也有人认为这就是当时的文字。

1957年在河南发现二里头文化遗址，在遗址发掘物中有刻画符号的陶片，已发现有24种符号。这些符号就是文字符号，有的类似殷墟甲骨文，但都是单个的，意思尚不清楚。二里头文化的晚期，相当于历史传说中的夏末商初。

新石器时代的陶器符号，最早是20世纪30年代初在山东章丘县城子崖龙山文化陶片上发现的，符号比较简单，数目又少。1963年在西安半坡遗址出土仰韶文化陶器符号有一百多例，有些刻画较繁杂，很容易和文字联系起来。以后在陕西长安、临潼、邰阳、铜川、宝鸡和甘肃秦安等地也有发现。临潼姜寨出土的陶器符号很复杂，和文字比较接近，有的学者认为它和甲骨文中的"岳"字相似。在河北省藁城台西和磁县下七垣出土的陶器刻画符号，绝大部分是和甲骨文同样的文字，"刀""止""臣"等字很容易辨识。殷墟出土的陶器上，有很多和台西、下七垣相仿的刻画，这些已经是严格意义上的文字了。

陶器上的符号——陶文，是象形文字，表达着某种意思，但在远古时代，陶文确实是进行思想交流的工具，是写或刻在陶器上的史书，是远古时期的档案。陶文书也是我国古代书籍的初期形态之一。

陶器作为陶文的载体，基本材料是陶土，是制作出来的。在陶泥做的陶器上，刻上陶器符号，用火烧，便诞生了陶文书，或先用火烧，再绘写上陶文符号，也成了陶文书。

陶器的符号有一定的传统，从仰韶文化到商代的陶文，已经构成一个发展序列，有着由简单而复杂的演变过程。一直到周、秦、汉还存在的陶文，是新石器时代以来陶器符号的延续。

陶文书是我国古代书籍的初期形态之一，而陶文则是向成熟的甲骨文过渡的一种符号性文字，它使用了相当长的时间。从出土的全部陶文来看，它们和成熟的甲骨文的衔接似乎还缺少什么，也许还有待另外一种陶文的陶片出土，也许这之间还有另外一种文字。现在所存的资料还难以做出有机的衔接，须待以后考古新发现来说明。

在已发现的古陶中，大量的是周代，特别是战国时期或是更晚时代之器物，陶器易碎，多是碎片。碎片上的陶文不同于新石器时代的陶文符号，其中有数字、单字、4个字、6个字不等，总计有800余个，可辨者不到半数。

陶文的行列顺序不规则，有单列下行、双行左行或右行等，且有倒书者，个别单字有的写得奇形怪状，部首的位置也不一致。这些陶文虽然在陶器上，却远不同于新石器时代的陶文符号。那些陶文符号代表着一个时代，是文字过渡的一种表现形式，而晚期的陶文不过是当时的文字在陶器上的出现，并不能代表周代、秦代或汉代的文字。

（四）甲骨文

著名的历史学家胡厚宣在《中国甲骨学史》中说："所谓甲骨文（图2-5），乃商朝后半期殷代帝王利用龟甲兽骨进行占卦时刻写的卜辞和少量记事文字。这种卜辞和记事文字，虽然严格地说起来并不是正式的历史记载，但是因为它的数量众多、内容丰富，又因为时代比较早，所以一直是研究我国古文字和古代史，特别是研究商代历史的最重要的直接史料。"

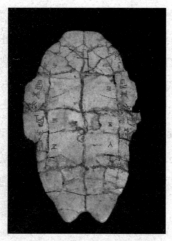

图 2-5　甲骨刻辞

甲骨文的承载物，殷墟有龟腹甲、龟背甲、牛（少数为羊、猪）肩胛骨三种，偶尔也使用鹿的肋骨。甲骨都是从各地采集或纳贡到首都来的。龟甲在使用前要将甲壳从背甲和腹甲两部分的连接处——甲桥部分锯开，使甲桥的平整部分留在腹甲上，然后将带甲桥的腹甲锯去甲桥外缘的一部分，使之成为边缘比较整齐的弧形。

已加工过的甲骨由卜官保管。卜官还要在甲骨边缘刻写"五种记事刻辞"。分别为：甲桥刻辞、背甲刻辞、甲尾刻辞、骨臼刻辞、骨面刻辞。

占卜时，用燃着的紫荆木火炷烧灼钻凿巢穴，使甲骨坼裂成"卜"字形的裂痕，名为"卜兆"。兆的情况和次第，刻记在兆的旁边，称之为"兆辞"，兆辞在甲骨上的排列方法是很讲究的。较早的还刻有数字，是表示次第的兆辞，也称为兆序。

另外，从整个制作过程来看，甲骨文书的加工、制作，是很麻烦、很不容易的，也是非常讲究的。现在所以能够看到甲骨文书，主要得力于甲骨文的承载物——甲骨的质地坚硬，可长时期保留。

甲骨上卜辞的刻写也有一定的规律。商代的书写行款和传统的格式大体相同，一般也是竖写直行，由右到左。从卜辞在甲骨上的位置来看，各片甲骨是不一样的。甲骨文卜辞的安排，不管当时的巫、祝们出自什么样的想法，如果从现代设计的视角来看，从字体的位置安排及顺序上，从虚实对应、空间关系的处理上，极有特色，一种巧妙的设计思想显露在版面中。

甲骨文书版式呈现出的形式美，并非有意而为，它是一种原始的古拙美、自然美的体现。认真研究甲骨文书的版式，能使我们得到艺术上的启迪，甲骨文书中有丰富的艺术宝藏。

甲骨文书的承载物是甲骨，这就需要刻卜辞或先写后刻，或不写径刻，或刻后再以毛笔涂以朱砂，有的甚至镶嵌绿松石作为艺术装饰，等等各种情况都有。一般认为是先用朱砂或墨写在甲骨上，然后再用刀刻出浅槽，形成阴文正字。卜辞契刻的方法，小字用单刀法，大字用双刀法，宽笔则用复刀法。一般说来，刀法娴熟，字迹俊美，除了极少数习作之外，绝大部分甲骨文的确是古代遗留下来的不可多得的"契刻"艺术精品。

甲骨文是单个的方块字，排列顺序从上而下。从甲骨文开始的竖写直行，一直延续至今。甲骨文的读法，除了"对贞卜辞"中左边的是从左向右读外，其余的都是从右向左读，这种读法也延续下来，它和竖写直行，形成中国传统书籍的排版方式。

关于甲骨文书的装订，邱陵先生在《书籍装帧艺术简史》一书中说："董作宾的《新获卜辞写本后记》里，曾说发现有刻着'册六'两字并有穿孔的龟甲；甲骨卜辞上也有'龟册''祝册'等文。因此推想也有可能是把很多龟甲串联成册的。《史记》的'龟策传'称'龟策'，恰可作为一个佐证。"西周甲骨有穿孔的特点，可能是史官为了有次序、有系统地保存甲骨而打的孔。这虽然不同于后来的装订，但毕竟是当时甲骨文书的"装订"方法。后来线装书的打眼，三眼、四眼、五眼、六眼等，就是受到甲骨文书这装订方法的启示和影响。

甲骨文开创了中国书法的先河。甲骨文充满殷商时代的气息，具有自然、质朴之美，它已蕴涵了中国书法艺术的基本要素，其笔法、结体、章法无不备至。章法上，大小不一、方圆奇异、长扁随形的单字组合在一起，错落多姿，而又统一和谐，章法款式不拘一格。由于刻写文字时，要避开甲骨烧灼所产生的纹路和龟甲上原有的纹路，行与行之间有疏有密，有直有斜，字数也不一定，纯视空间位置而布置，其天真烂漫、自然天成之美，后世难以企及。甲骨文的书法美，也是甲骨文书的版式美的要素。

甲骨文的雕刻对印章和雕版印刷的影响和启发也很大，对青铜器的雕刻有直接的影响。

甲骨文所形成的长方块的单个汉字，成为后世汉字发展的基本特点，一直持续到今天，汉字仍然是方块形体的文字，所以，甲骨文是汉字的鼻祖。

由于书籍装帧形态受到文字形体和承载物的影响，殷商时期出现的甲骨文书，在中国装帧史和文字史上，都具有特殊的意义。

（五）金文书

在甲骨文书盛行的商周时代，还有青铜器存在，青铜器上铸或刻有铭文，也称"金文""钟鼎文"。青铜器始于何时，还没有一致的结论，但西周为青铜器时代，一般都无疑问。青铜器是铜、锡合金铸成的器具，它的主要成分是铜，因为加进一定比例的锡，故呈青灰色，故称青铜。

　　青铜器时代延续有一千多年，在初期，通过巫师宣传"幻想"和"祯祥"，即它的政治和宗教意义占有主导的地位，主要表现在它的纹饰上。"殷代青铜器的纹饰已达到高度的发展阶段，这和陶器的纹饰有显著的差异。"

　　青铜器的纹饰主要有三种：一是几何形纹样；二是动物形纹样；三是叙事画的纹样。

图 2-6　饕餮纹

　　殷代和周初的青铜器纹样，几何纹样是以雷纹为主，多作为地纹，是一种装饰；动物纹样则以饕餮纹（图2-6）为主。"饕餮"为古代神话中的恶兽，有人说"贪财为饕，贪食为餮"。以饕餮为代表的青铜器纹饰有祈福辟邪、"协上下""承天休"的祯祥意义，表示出初生的阶级对自身统治地位的肯定和幻想。饕餮纹饰呈现给人的感觉是一种神秘的力量和狰狞的美。这些怪异的形象符号，指向了某种似乎是超越人世间的权威神力，突出指向无限深渊的原始力量，突出神秘、威吓面前的畏怖、恐惧、残酷和凶狠。

　　青铜器体现着那个时代的精神，体现了被神秘化了的超人力量。狞厉的美存在于金文书中，这是后人对它的认知。当时它并不是以显示美而产生和存在，只有到了物质文明高度发展，它本身体现的残酷、凶狠已成陈迹的文明社会时，体现出的历史前进的力量，才能为人们所理解和欣赏。

　　青铜器除了异彩纷呈的纹饰、狞厉的美之外，所以称它为金文书，是它自身著称于世的铭文。

　　西周铭辞丰富、多样，自祭祀征伐以至称扬先祖，均有记事，殷代只是简单地勒名记事。殷周铭文多是铸款，春秋战国则间有刻款。彝铭即是当时的真迹，传至今日，实为贵重的第一手资料。左丘明作《春秋》，是以概括铭文作为修史的资料。郭沫若根据铭文窥见了西周的政治情况和文化演进之迹，提出南北二系的传统以及自春秋以后中国各族文化艺术逐渐混合和同化的见解；发现奴隶和奴隶生产的存在，并发现那时候的奴隶可以买卖；认为鲁国在宣公十五年正式宣布废除井田制，合法地承认"合田"和"私田"的私有权，而一律取税，这就是地主制度的正式建立。郭沫若根据以上理由断定西周还是奴隶社会，奴隶制的下限应在春秋与战国之交。

中国青铜器时代包括殷周两代，历时1500余年，彝器大量出现，且多有铭文，是研究青铜器时代的珍贵历史资料；同时，由于金文是由甲骨文演变而来，极具书法价值。商代的金文能显示墨书的原形，能够在相当程度上体现出笔意。有的铭文笔势雄健、形体适奇，有的铭文尤其卓伟。殷代晚期的字体有的瘦硬细筋，有严谨的结体，有的字迹相当雄劲，行气疏密不一，体势凝重。这些铭文风格，都得到周人的继承和发展。西周中期的金文，严谨适奇的风格逐渐退化，笔势比较柔和圆润，行款排列都相当工整，但是已消除了凝重的气氛。西周晚期的金文字迹端正、质朴，笔画均匀而遒健，虽然行款纵横有疏密不同，但笔势都甚相似，以及笔势纯熟圆润、行体遒丽，行款或纵横疏密或疏密相当，刻意求工等，都在这类风格上延续，是大篆最成熟的形态。殷周的金文书体，历来视为大篆或籀书。在殷周漫长的历史进程中，金文不断演化，这是历史发展的必然；同时，由于地域的不同，金文的特征也不尽相同。

青铜器发展到后来用于祭祀燕享，称为礼器。青铜器除供奉祭祀之外，还作为一种礼制的象征，作为古代贵族政治的葬礼工具，并明贵贱、列等级，更进一步，多为纪功烈、昭明统的国家重器。青铜器在当时的实用价值是非常明显的，由于种类太多，用途各异，不同的实用功能和宗教意识的注入，致使青铜器——金文书的造型丰富多彩、千奇百怪，从而形成金文书的独特和不可企及的美。

殷周早期，由于奴隶制与原始社会毕竟不可彻底分割，从饕餮纹及青铜器的型制中，透过威吓神秘的外表，积淀着一股深沉的历史力量与保持着某种真实的稚气，荡漾出不可复现和以后不可企及的稚气的美，这种原始的、天真的、拙朴的美，已经成为历史。浑厚和刻画了然，原始和古拙，只能在历史中、在金文书中见到。

西周青铜器的铭文在隐藏处，用现代的观点可以把尊彝的外部理解成"封面"，不过这个封面是圆弧形的或者其他形状的，没有封面、书脊、封底之分，上面的纹饰就是封面的装饰，这个装饰也太奇特、太美了；尊彝的造型就是书名字，不同的尊彝造型，展现不同金文书的内容。这"本"书是个整体，不能翻动，如果把金文书的造型叫作"开本"的话，金文书的开本也是太奇特，是装帧形态上最美、最独特的书。

（六）石经文

石经文就是把文字镌刻在磨光的石面上，因这些石刻的故事和经文是一本不能随意移动的固定的书，所以，它的作用只是作为一种标准范本供人们就地阅读或抄录，人们来到碑前校对自己抄写的经文是否有误。公元前 2500 年前后，古埃及人把文字刻在石碑上，称为石碑文。古巴比伦人则把文字刻在黏土制作的版上，再把黏土版烧制成书。

这些最初的书籍形式只在某一方面具有书的功能，而在更多方面则明显地存在着不足，如青铜器上的铭文、石刻文不便于流通，龟甲、兽甲又不便于保存，因此我们认为最早的书籍雏形应该从竹、木的简策开始，所以说书从最古老的甲骨文与石经文过渡到简策形式是一个重大演变。

（七）简策

简策始于周代（约公元前 10 世纪），《周礼·内史》云："凡命诸侯及孤卿大夫，则策命之。"《周礼·王制》云："太史典礼，执策记奉讳恶。"

这些记载，都说明在周朝已经有了简策，被朝廷所应用。简策，或简牍，是一种以竹、木材料记载文字的书，用竹做的叫作"简策"，用木做的叫作"版牍"。一根竹片曰"简"，它是组成整部简策书著作的基本单位，有点像现代书的一页；把两根以上的简缀连起来就是"册"或"策"。《左氏传序疏》云："单执一扎谓之简，连编诸简乃名为策。"叶德辉《书林清话》云："策是从简相连之称，然则古书以众简相连而成册，今则以线装分订而成册。""策"与"册"相通。册字，甲骨文为做，钟鼎文为嫩，许慎《说文解字》作胀，都是象形文字。

殷商和周王朝前期，史官负责记言记事，保管档案文献，别人无权问津，书籍处于垄断的地位。孔子生活的春秋末期，社会发生很大的变化，"天子失宫，学王四夷"（《左传》），史官垄断知识的局面逐渐被打破。孔子提出"有教无类"，知识外延下溢，为成熟的正规书籍的发展提供了思想方面的先决条件。孔子编的《六经》就是写在简策上的。

但简策有很多缺点和不足：首先是太重，书写时不便利，阅读也很不方便。《史记·孔子世家》记载："孔子晚而喜易，韦编三绝。"是说孔子晚年喜欢读《易经》，使穿简的韦断了数次。过去对学者称"学富五车"，在现今看来得吃多少苦，才能读这样多的书籍，知识渊博是多么不容易。这都说明简策的不方便之处。随着技术的进步，人们发明了"帛"，于是人们借用新出现的材料将丝织品"帛"发展为缣帛的书卷轴。卷轴的书籍形式极大地丰富了书籍的装帧形态，也极大地方便了人们的阅读方式，使书籍的体态更加轻便。

图 2-7　泥板书

二、西方书籍的原始形态

（一）源流与雏形

书源于书写，书写的重要元素便是文字。目前所知，世界上最早的文字出现于底格里斯河与幼发拉底河之间的美索不达米亚平原，即是苏美尔人与阿卡德人创造的楔形文字。将芦苇的一端削成切面呈三角形的尖锋，这种三角形尖锋的芦苇笔在黏土版上刻画，便会出现楔形（这些楔形被用来构造由早期图画发展出来的符号），待黏土版干燥烧成后，按顺序摆放组合起来，就成为当时的书，如图2-7所示。

（二）卷轴

古埃及也是文字的重要发源地之一，其象形文字被记录在象牙、石刻和纸莎草纸上。纸莎草纸（图2-8）是由生长在尼罗河三角洲地带的一种沼泽植物制造的，成为古代使用最广的文字载体。由于它难以折叠，不能正、反两面都书写，最初采用卷轴的形式，把纸卷在木头或者象牙棒上。这些书卷可达10多米长，最长的有45米左右，文字抄写成25至45行不等的字栏。纸草比岩石、黏土版轻便，易于书写，故被广泛传播，使用时间也较长。

图 2-8　纸莎草纸

（三）"册籍"

古罗马人发明了蜡版书。公元4世纪前蜡版书在地中海一带广泛流行。其制作方法是在形同书本大小的木版或象牙版中间，开出一条长方形的宽槽，在槽内填充黑色的蜡体，文字是用尖笔刻写在蜡层上的。在每块版一侧的上、下两角钻上小孔，用绳索将版串联在一起，其最前和最后两块版上不涂蜡（形同于今天书籍的封面和封底）。由于蜡版的价格比较便宜，而且同一块蜡版可以反复使用，所以蜡版的使用非常广泛。

蜡版书是册籍的雏形，直到羊皮纸的出现，书的形式才发生了真正的改变，从卷轴变成了册籍。往往一本册籍书的内容相当于好几卷的卷轴书内容。册籍比卷轴更利于人们阅读，也易于携带、便于收藏。

第二节　中国书籍设计的发展

一、帛书

（一）帛书的用料与渊源

在帛上写文章，古人称之为"帛书"，可见帛书早就被认可了。帛书的承载物是缣帛，缣是一种精细的绢料，帛是丝织品的总称，也有缣、素等名称，所以古人也称帛书为缣书、素书。缯也是丝织品的总称，帛书也称缯书。

中国古代的丝织技术有着悠久的历史，传说公元前26世纪，黄帝的妻子嫘祖发明了养蚕织丝。殷商时代的甲骨文中，已有丝、蚕、帛、桑等字。西周时期关于丝织的记载就更多了，有很多有关养蚕、纺织及漂丝的记录，并有关于贸易交换的情景，在《诗经》中也有记载。显然，在周初，丝不仅是纺织的材料，且是用以贸易的通货。从长沙和其他几处楚墓中，发现许多丝帛遗物，证明在战国、汉初时不仅已有精美的缣帛，而且还有花纹复杂的织锦和刺绣。湖北江陵马砖厂一号墓出土战国中晚期的丝织品有绢、纱、罗、锦等，品种很多。

中国古代丝织品的发达，给帛书的发展提供了材料。在简策书盛行的期间，帛书就出现了。《晏子春秋》中记载齐景公对晏子的一段谈话："昔吾先君桓公，予管仲孤与谷，其县七十，著之于帛，申之以策，通之诸侯。"可见，在春秋时期帛已应用，但还不十分通行。《墨子·明鬼篇》云："故古者圣王……书之竹帛，传遗后世子孙。"《韩非子·安危篇》亦云："先王寄理于竹帛。"战国时期，帛书与简策书同时并用。《史记》云："高祖书帛，射城上。"高祖为汉代第一个皇帝，帛书射于城上说明当时汉朝还没有建立，但是秦汉时，帛书的应用已经十分广泛了。

（二）帛书的内容

帛书（图2-9）出现的时候，简策书正在盛行，是当时的主要书籍，帛书只是用来抄写那些整理好且比较重要的书籍。缣帛质地好，重量轻，但价格较贵；竹简沉重，原料多，但价钱便宜。所以，常用竹简打草稿，而缣帛则用于最后的定本。应劭云："刘向为孝成皇帝典校书籍二十余年，皆先书竹，改易刊定，可缮写者以上素也。"当时有称为"篇"的书，也有称为"卷"的书，实际上称为"卷"的书，即是帛书。这时的卷并不同于卷轴装书的卷，是"卷"的装帧形态的初步形式。当时用"卷"的形式的书有：一部分儒家经典，全部的天文、历法、医药、卜筮等著作。

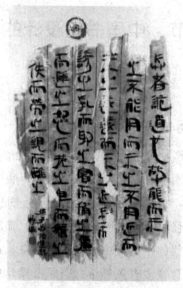

图 2-9 帛书

古时，缣帛还为皇室贵胄记载言行，以传诸后世。《墨子》中云："书之竹帛，镂之金石，琢之盘盂。"即指这种情况。缣帛的特殊用途是祭祀祖先和神灵。《淮南子·汜论》亦曾言及鬼神："凡此之属，皆不可胜著于书策竹帛，而藏于官府也。"《墨子·明鬼篇》云："故先王之书，圣人之言，一尺之帛，一篇之书，语数鬼神之有也。"

古代地图原绘于木板上，因缣帛可大可小，绘制也比较方便，后来就绘在缣帛上。如光武帝在广阿城楼上"披舆地图"，就是用缣帛绘制的；11卷的《河图括地像图》，也是一部帛卷地图；还有湘江、漓江上游地图和驻军图等，都是最早的帛画地图。

帛书有时还记载功臣大将的丰功伟业，如《后汉书》中记载邓禹助光武帝复兴汉室后，曾对光武帝说："但愿明公，威德加于四海，禹得效尺寸，垂名于竹帛耳。"这种歌功颂德的文字，古籍中还有一些记载。文中"竹帛"即代表"简策书"和"帛书"。

（三）帛书的版式及特点

《汉书·食货志》载："布帛广二尺二寸为幅，长四丈为匹。"帛质地轻软、细密，在织出的长匹上写字，根据文章的长短，可随意剪裁，随意舒卷。帛比相同面积的简策所写的字要多多了，而且可以用一部分地方写字，一部分地方绘画，还可以把写好字的帛书和帛画粘在一起，这些都是简策书不能实现的。帛书抄写的方法是：一块帛写好字以后，再用另一块帛续写，然后把它们粘起来，加一根轴，便成卷子。为了便于检阅，在卷口用签条标上书名，称为"签符"，又称"签条"。使用签条的制度是从帛书开始的，时代不同，签条各异。汉代以竹简为签，汉唐以后都用象牙。后来很多线装书的书套，也都用象牙签来别，盖出于此。最初的卷子轴是用一根红木棍，可以舒卷。帛书的装帧形式发展到汉代，更加讲究，那时已有专门用于写书的缣帛，上面还织有或画有红色或黑色的界行，称之为"朱丝栏""乌丝栏"。界行来源于简和简之间所形成的边痕；边栏则是由简策上下的编绳模仿而成。帛书的版式受到简策书的影响，边栏、界行既可美化版面，又便于书写，使文字整齐、美观。

马王堆三号汉墓中出土的大批帛书，用生丝平纹织成，横幅直写，从右向左读，有的整幅，有的半幅。有的还用朱砂画有上下边栏；每两行字之间还用朱砂画上直线（朱丝栏），白底、黑字、朱栏，朱墨灿然，清晰悦目，绚丽庄严。这样的版式和后来雕版印刷的宋代蝴蝶装书的版式非常相像。这批帛书丰富多彩，内容和版式都很有特点。

帛书最大的特点是可大可小、可宽可窄，可以一反一正折叠存放（如面积较大的帛图帛画等），类似后来的经折装书，也可以卷起来，像后来的卷轴装书。帛书从性质上讲，还是卷轴装书，只是它没有卷轴装书那么复杂，它的用料是帛而不是纸，可视帛书为卷轴装书的初期形式。实际上，帛书的卷轴形式和纸发明后的卷轴装书同时存在很长的一段时间。

二、卷轴装书

随着社会的进步、科学技术的发展，纸出现了。纸的出现冲击了简策书和帛书，使书籍的承载物发生了根本性的变化，逐渐由用竹、帛等材料变为用纸，新的材料带来新的生命，带来新的装帧形态——卷轴装。

纸的不断改良，使纸便于书写和越来越便宜，开始时用于民间，后来得到官方的认可,这使卷轴装书迅速地发展起来。

图 2-10 卷轴装书

图 2-11 系上丝带的卷轴装书

(一)卷轴装书的形制

卷轴装书始于汉代,主要存在于魏晋南北朝至隋唐间。西汉末年出现麻纸,纸质粗糙并不适于书写。东汉时期,蔡伦对纸进行改造后,纸的质量有了很大提高,已经开始用于书写。初期的纸写本由于受到简策书、帛书的影响,很自然地采用了卷轴装的形式。做法是,将一张张纸粘成长幅,以木棒等作轴粘于纸的左端,比卷子的宽度长一点,以此为轴心,自左向右卷成一卷,即为卷轴装书(图2-10),曰"卷子装""卷轴装"。卷子的右端是书首。为了保护书,往往在其前面留下一段空白,或者粘上一段无字的纸,叫作"標""玉池",俗称"包头",其前端中间还系上一根丝带,用来捆扎卷子。轴头挂一牒子,标明书名、卷次等,称为"签"。简单的卷轴装书有不用轴棍而直接舒卷的,称为"卷子装",其意义有点像现代的平装书,无硬纸板,敦煌石室的大量遗书都采用这样的形式。简策书卷起来后放入书帙或书囊,这个形式也被纸写本的卷轴装书沿用下来。卷轴装书的襟通常用白纸,但也有用丝织品的。头上再系上一种丝织品,作为缚扎之用,叫作"带"(图2-11)。带有各种颜色,古人对標、带都很考究。卷轴装书卷起来后，用带系住，就可以放入帙、囊之中。

（二）卷轴装书的版式

卷轴装书的版式受到简策书和帛书的影响很大。刘国钧在《中国书史简编》中云："纸卷长短不同，长的有二三丈，短的仅有二三尺。长卷有十几或几十幅纸粘接而成，短卷少的只有二幅纸。"每张纸也有一定的尺寸，越到晚期纸张就越大些。隋唐时代卷子纸一般长为四十到五十厘米左右，高约二十五到二十七厘米。个别的有比一般尺寸更大或更小的纸。

卷轴装的佛经书有扉画，这是一种很特殊的形式，从唐朝开始，一直延续下来。如唐朝咸通九年雕版印刷的《金刚经》，扉画之后是四边的方框线，经文刻印在方框内，而现存最早纸质，在韩国发现的《无垢净光大陀罗尼经》，也采用四边框线的版式，只是没有扉画。还有在框线内加界格的形式，这是从"乌丝栏""朱丝栏"演变而来。

卷轴装书出现后，由于延续时间很长，经历了卷轴装书从抄本书到印本书的时代，而抄本书的版式和印本书的版式是不同的，但其基本的形制没有太大的变化。

手抄本的卷轴装书卷子上的栏界，有简策的遗意。《国史补》云："宋毫间有织成界道绢素，谓之是乌丝栏、朱丝栏，又有茧纸。"《书史》云："黄素黄庭经是六朝人书，上下是乌丝织成栏，其间以朱墨界行。"现在收藏的唐宋抄本，栏界多用铅画。在这些抄本中，已经有天头、地脚的含义，栏线、界格也逐渐趋于明显。

（三）卷轴装书的装潢和装裱

卷轴装书的纸需要装潢，或者叫入潢，其目的是避免虫蛀。《齐民要术》云："凡打纸欲生，生则坚厚，特宜入潢。凡潢纸，灭白便是，不宜太深，深则年久色暗也。入浸檗熟，即弃渣，直用纯汁，费而无益。檗熟漉汁，捣而煮之，布囊压讫，复捣煮之。三捣三煮，添和纯汁者，费省功倍，又弥明净。写书经夏热后入潢，缝不绽解。其新写者，须以熨斗缝缝，熨而潢之，不尔，久则零落矣。豆黄特不宜寰，寰者全不入潢矣。"早在5世纪时，人们就已经知道一种用黄檗汁染纸可以使书不被蛀的方法，这种方法叫"入潢"。纸入潢后变成黄色，叫作"黄纸"。潢纸就是染纸，古人把入潢的书称为"黄卷"。南北朝、隋唐时期的写本卷子，大都是"入潢"过的。黄纸写书比白纸为好。敦煌发现的佛经大部分是用黄纸写的。纸可以先写后潢，也可以先潢后写。这种染潢工作是装治工作的一部分，装治现在叫装裱。

卷轴装书因为比较长，又要经常展开阅读，为了避免边缘破裂，同时也为了使卷子舒展硬挺一些，就需要装裱。所用材料通常是纸，也有用不同色的绫、罗、绢和锦的。《法书记》云："唐太宗所装的都是紫罗襟，梁朝所装的为青绫襟，安乐公主用黄麻纸。"在卷子的两端和上下装裱，称为"裸""玉池"或"装褫"。米芾《书史》云："隋唐藏书卷首贴绫谓之玉池。"襟的材料，也有特制的。现代的字画都需要装裱，而且非常讲究，已经没有入潢这道工序。入潢的纸除防蠹外，对人的眼睛非常有利，因为色彩上比较柔和。

三、旋风装书

旋风装书是一种特殊的装帧形态，历代学者对它有不同的看法，本书将作一介绍。旋风装书中出现页子，并双面书写，这对书籍装帧形态的演变有重要的历史作用。

（一）旋风装书的形制

旋风装书（图2-12）从外观上看和卷轴装书是完全一样的，把旋风装书展开之后和卷轴装书就不一样了。"旋风装书是在卷轴装的底纸上，将写好的书页按顺序自右向左先后错落叠粘，舒卷时宛如旋风，故得名。又因其展开后形似龙麟。故称龙麟装。"（姚伯岳著《版本学》）故宫所藏唐写本王仁昫《刊谬补缺切韵》就是这种装帧形式。

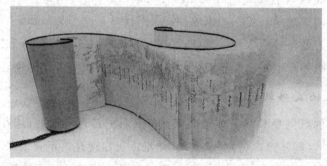

图2-12　旋风装书

这种装帧形式，既保留了卷轴装的外壳，又解决了翻检必须方便的问题，可谓独具风格，世所罕见。古人把这种装帧形式称为'龙鳞装'或'旋风装'。"《刊谬补缺切韵》是类书，相当于现在的词典，带有工具书的性质，是准备随时查检使用的。如果用卷轴装，一来是因为卷子不可能太长，而《刊谬补缺切韵》内容又不能缩短；二来是《刊谬补缺切韵》要随时查检的，卷轴装书不便于查找，而旋风装书则方便多了。所以，旋风装书是随着需要而产生的。旋风装中的页子是两面书写（摘引原书用"叶子"，本书则用"页子"），这开了双面书写的先河，对后世有很大启迪作用。

（二）对旋风装书的其他看法

刘国钧先生在《中国古代书籍史话》一书中云："旋风装与梵夹装不同之点，仅在于它将梵夹装的前后封面改为一张整纸，以其一端粘于最前页的左边，另一端向右包到书背面而粘在最后一页的左边。这样便将书的首尾粘连在一起，因此在翻到最后一页的时候，便可以连着再翻到首页。往复回环有如旋风，所以叫做旋风装。"刘国钧谈的旋风装和前面介绍的旋风装是不一样的，并认为"旋风装是经折装的变形"。另外，刘国钧先生认为经折装即是梵夹装。

学者们对旋风装书的认识不尽相同，有数种之多，没有一个统一的认识，笔者倾向于刘致忠先生的看法。

页子的概念是从旋风装书开始出现的，古人把页子叫成"叶子"。页子的出现逐渐改变了书的装帧形态，没有页子，就没有卷子，也就没有现代书。旋风装书中出现的页子对册页书的出现具有重要的意义，它在中国书籍装帧史上、印刷史上、装订史上都占有重要的地位。

由于旋风装书保留了卷轴装书的躯壳和外观，查检时仍需要打开卷轴，如果查检的是卷尾的韵条，仍要把卷子全部打开，所以，这种卷子式的旋风装书，使用起来仍感到不方便。页子已经出现，为什么不突破卷轴装，另外采取更新的装帧形态呢？当时，卷轴装书盛行，一时又难以创新和突破，只是在卷轴装书的基础上进行了改进，开始了向册页装帧形态的过渡，也可以认为，旋风装是册页装的最初形式。

四、粘页装书、缝缋装书

敦煌遗书中有两种形式的书的装帧方法很特别，其在唐末、五代时期流行，后来就逐渐消亡了。这两种书的装帧形态与传统的书籍装帧形态有着明显的区别，由于其流行的时间不长，且没有详细的文献记载，一直未被人们所认识，但是，其为册页书的发展所起的作用在历史上应当给予肯定。

（一）粘页装书

宋人张邦基在他的著作《墨装漫录》中引用了王洙曾经说过的一段话："作书册粘页为上，久脱烂，苟不逸去，寻其次第，足可抄录。"这里谈到书的制作方法用"粘"，就是把书页粘在一起，所以称为"粘页装书"（图2-13）。

粘页装书有两种情况。"其一：每张书页一面写字，有字的一面对折，若干书页按顺序集为一叠，相邻书页和书页之间，空白页面相对并涂满浆糊，使所有书页粘连在一起。其二：书页对折，每张书页形成四个页面，第一张书页的第一面作为首页，一般仅题写书名，其余三面按顺序书写文字。自第二页开始，三个页面全写字，一部书写完，所有书页按书写顺序集中在一起，在每张书页折口线左右2～3毫米处涂抹浆糊，使所有书页粘连在一起。"

粘页装书用糨糊粘，这不同于卷轴装书中长纸的粘连，也不同于旋风装书中的粘页，它为后来的蝴蝶装书的产生提供了思维方法和技术前提。

图2-13　粘页装书

（二）缝缋装书

《墨装漫录》中还引用了王洙所说："若缝缋，岁久断绝，即难次序。初得董氏《繁露》数册，错乱颠倒。伏读岁余，寻绎缀次，方稍完复，乃缝缋之弊也。"这里谈到的"缝缋"，就是指缝缋装书（图2-14）。

图2-14　缝缋装书

"这种装帧书籍的书页多是把几件书页叠放在一起对折，成为长方形一叠，几叠放在一起，用线串连。这点和现代书籍锁线装订的方式非常相似，只是穿线的方法不太规则。这样装订的书多是先装订，再书写，然后裁切整齐。"在敦煌遗书中，这种装帧形态的书有不少，中国、英国、法国多个国家图书馆收藏的敦煌遗书中都有发现。在日本，现在还可以看到用缝缋方法装帧的书籍。

第三节　外国书籍设计的发展

一、书的开始

　　纪元初年的欧洲是一个由口头文化支配的世界，修道院成为书面文化和拉丁语言的聚集地。从纪元之初至11世纪，文字记录仅限于教士阶层，书籍的制作也几乎都是在修道院等宗教机构完成。

　　此时，鹅毛笔（在6世纪开始普及）代替先前的芦苇笔成为新的书写工具。手抄本中有大量丰富的插图，它们装饰着书籍，也起到划分版面结构和传达信息的作用。绘画风格受拜占庭帝国一种细密工笔画的影响，精细而华丽。这些个性鲜明的书籍语言使中世纪手抄本散发出独特的艺术魅力（图2-15）。

　　12世纪以后，由于文字编排日趋科学化、精细化和条理化，加上12世纪以后小开本书籍的增多，一些更关注文字、侧重自己读书感受的读者，渐渐发展成无声阅读的方式（图2-16）。

图2-15　古籍封面

图 2-16　拜占庭圣经

二、文艺复兴时期的书籍

在文艺复兴时期，由于文化的提高和逐渐普及，造就了书籍出版业的繁荣。人文主义者从中世纪的传统中解放出来，挽救并恢复古典理论文本的原貌，修编后重新发行。这样便与出版商和印刷商紧密合作，使得图书业产生了一次质的飞跃。

图 2-17　罗贝尔埃蒂安纳的《新约》

这一时期各国的印刷技术与印刷方法都在不断改进和提高。书籍的版面设计逐渐取代了木刻制作与木版印刷，文字和插图可以灵活地排放在一起。宗教书籍和"随身版"丛书在文艺复兴时期占了很大的比重，如图 2-17 所示。而"随身版"丛书是在功能需要的前提下对书籍形态进行的探索与改变。

三、16 至 18 世纪欧洲书籍艺术的发展

16 世纪至 17 世纪，是欧洲多事纷乱的时期，德国的宗教改革、英国的内战……但这个时期却是书籍不断发展与革新的时代，书籍的现代特征更加明显起来。

书籍装帧艺术的风格也在不断变化。从 16 世纪到 18 世纪，巴洛克艺术的神秘气息，古典主义的崇尚理性和自然之风，启蒙运动的象征意味和装饰性，洛可可

艺术的纤巧、华丽、繁密，无一不在书籍设计中有所体现。在15世纪，封面主要是关于图书内容的简要介绍和书商、印刷者的标记。16世纪时开始添加进去框饰和插图。法国和意大利流行以木板装饰画和短标题的组合搭配。法国的封面更是开始署上了作者名字、短标题、印刷地址及其年代。至18世纪，书籍设计艺术更是呈现了千姿百态的风貌，装帧形式出现了许多华贵的类型，如使用颜色各异封皮的马赛克形式等，还流行在封皮上印上拥有者的纹章。在书店里，人们可以买到按普通方法装订的书，也可另请装帧师按照自己的意愿进行个性化的装饰。

四、20世纪现代书籍设计流派

（一）工艺美术运动的表现主义

工艺美术运动是19世纪下半叶起源于英国的一场设计改良运动，以威廉·莫里斯为代表人物的工艺美术设计家带动了革新书籍艺术的风潮，创造了许多为后来设计家广泛运用的编排构图方式，比较典型的有将扉页和每章、节的第一页采用文字和曲线花纹缠绕在一起，具有歌德风格的特征；将各种几何图形插入以分隔画面等，如图2-18所示。

图2-18　威廉·莫里斯的内页设计

（二）新艺术风格

新艺术运动是19世纪末20世纪初在欧洲和美国产生和发展的一次影响很大的装饰艺术运动，是传统设计与现代设计之间的一个承上启下的重要阶段。

新艺术运动在英国的发展仅仅局限于平面设计和插图设计上。这个时期最重要的代表人物就是奥伯利·比亚兹莱，他热衷于单纯的黑白线条插图，他的系列书籍插图设计都是围绕着这种充满强烈主题、丰富的想象和鲜明特色的风格发展的，如图2-19所示。

图 2-19　奥伯利·比亚兹莱《亚瑟之死》

（三）意大利的未来主义

未来主义是由意大利诗人菲利波·托马素·马里奈缔作为一个运动而提出和组织的。他在 1909 年向全世界发表了《未来主义的创立和宣言》，这个宣言以浮夸的文辞宣告过去艺术的终结和未来艺术的诞生。

未来主义书籍设计的最大特征是版式上视觉语言具有速度感和运动感，把版面从陈旧的编排控制下解脱出来，让版面自由自在、无拘无束，如图 2-20。未来主义开启了现代自由版式的先河。

图 2-21　阿波里涅《书法语法》

（四）俄国的构成主义

构成主义运动开始于 1917 年俄国革命之后，对于激进的俄国艺术家而言，十月革命引进根基于工业化的新秩序，是对旧秩序的终结。

这个时期的主要代表人物是李西斯基，他的设计风格简单、明确，采用简明扼要的纵横版面编排为基础，并且意识到了金属活字排版技术在今后设计中的缺陷。

图 2-22 李西斯基《艺术主义》

李西斯基具有代表性的书籍设计是《艺术主义》和《两个正方形的故事》，分别如图 2-22 和图 2-23 所示。他的书籍版式设计呈现出明显的构成主义风格，每一页的版式编排在变化中有统一，给阅读者带来轻松感。

图 2-23 李西斯基《两个正方形的故事》

俄国的构成主义艺术运动进一步推动了未来主义运动的实践性设计，是未来主义风格的延续。

（五）荷兰的风格派

风格派形成于 1917 年，其核心人物是蒙德里安和杜斯伯格，其他合作者包括画家、雕塑家、建筑师等。显然，风格派作为一个运动，广泛涉及绘画、雕塑、设计、建筑等诸多领域，其影响是全方位的。用来维系这个集体的是当时的一本杂志《风格》，它的设计特点与构成主义的编排方式相似。因为《风格》具有风格派运动的特色，所以它成为运动思想和艺术探索的标志。

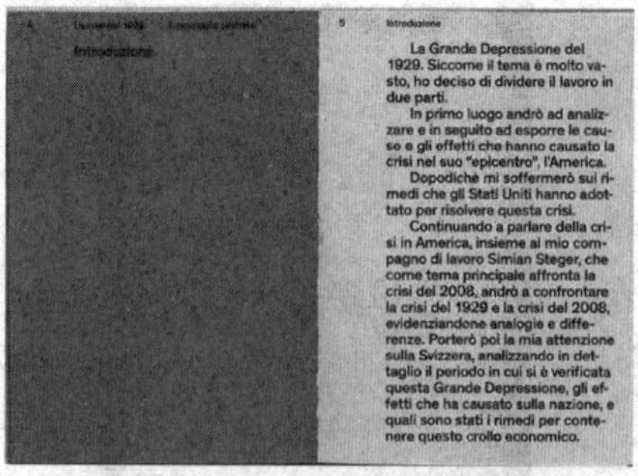

Introduzione

5 Introduzione

La Grande Depressione del 1929. Siccome il tema è molto vasto, ho deciso di dividere il lavoro in due parti.

In primo luogo andrò ad analizzare e in seguito ad esporre le cause e gli effetti che hanno causato la crisi nel suo "epicentro", l'America.

Dopodiché mi soffermerò sui rimedi che gli Stati Uniti hanno adottato per risolvere questa crisi.

Continuando a parlare della crisi in America, insieme al mio compagno di lavoro Simian Steger, che come tema principale affronta la crisi del 2008, andrò a confrontare la crisi del 1929 e la crisi del 2008, evidenziandone analogie e differenze. Porterò poi la mia attenzione sulla Svizzera, analizzando in dettaglio il periodo in cui si è verificata questa Grande Depressione, gli effetti che ha causato sulla nazione, e quali sono stati i rimedi per contenere questo crollo economico.

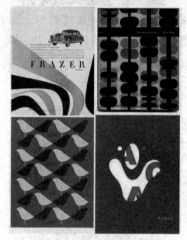

图 2-24　1929年的书籍设计

图 2-25　保罗·兰德设计作品

（六）纽约平面设计派

纽约平面设计派在20世纪40年代形成，它既能形成自己独立的风格，又能与其他设计风格相互融合，以至于这个时期是美国乃至世界设计史上不容忽视的一页。这个时期的书籍设计在风格上具有简洁、明快的特点，同时又不会因为简洁而失去它的浪漫和幽默的性格特征，往往采用图形与图片相结合的形式来完成作品，如图2-24所示。

代表人物保罗·兰德具有很高的设计天赋，他设计的杂志刊物和书籍的封面在当时广为流行，并大受欢迎，如图2-25所示。

这个时期的书籍设计打破了传统的枷锁，给书籍设计注入了新的生命，让受众认识到书籍不仅是用来阅读的，它也是一个艺术欣赏的过程，具有独立的艺术价值。

五、21世纪中西方书籍设计艺术的交流与碰撞

（一）中欧书籍设计家论坛

2015年3月，德国凉爽的初春，迎来莱比锡国际书展首次举办的中欧书籍设计家论坛。

改革开放后，中国的书籍设计艺术发生了巨大的变化，尤其是设计者们由"装帧"向"书籍设计"观念的范式转移，给中国的书籍从形态到内容、从艺术到工艺都带来了全新的面貌，使中国书籍设计开拓的编辑设计思路在国际出版领域中得到了较好的评价，设计已不局限于装帧和印制层面，这一进步在世界出版设计专业领域得到认可，并获得了话语权。

自2004年上海新闻出版局组织"中国最美的书"参加这一国际赛事以来，十年间已有13本中国大陆的书籍设计作品获得"世界最美的书"称号，其中包括一金、一银、两铜和九个荣誉奖。中国设计为国争光，中国设计师在这一领域赢得世界的尊重和信任。2015年的设计家论坛进行了东西方不同书籍文化认识和设计概念的交流，中欧设计师站在同一个平台，陈述观点，促进沟通，有利于文化碰撞，相信双方都得到了艺术观念的换位与互补，这是上海市新闻出版局、"中国最美的书"组委会和德国图书艺术基金会、莱比锡"世界最美的书"评委会经过多年互信、互动，获得的共赢的结果。

莱比锡是座富有魅力的文化都市，有着悠久的书卷历史。位于莱比锡的国家图书馆是德国人引以为豪的人文遗产。图书馆新开设的书籍印刷艺术历史博物馆，崭新的陈列方式和数字化的先进表达，清晰生动地展示了大量国宝级的史料文献。这些弥足珍贵的藏品足以让人惊羡，一种神秘的冲击感使人难以忘怀。同样，莱比锡平面设计及书籍艺术学院古老经典的建筑风格，他们坚持欧洲传统书籍艺术教学的主旨，以及传统与现代手段相结合的教学方法，都给大家留下深刻的印象。

中国的书籍艺术同样有着悠久的历史，被视为世界文化瑰宝的造纸术和活字印刷，影响了世界文明的进程。有着数千年漫长历史的中华古籍经历过不同的书籍制度的变迁，并不断衍生出新的书籍形态。公元8世纪唐雕版《陀罗尼经》开启了世界印刷术的第一步，11世纪北宋《梦溪笔谈》记载的木活字版首开活字印刷之先河，17世纪后的图文雕版、工笔彩绘、金属印刻各显其能。中国古籍文本已形成多元的章法格局，从无数实例中可以看到，从概念到实施，从形态到细节，都不逊色于西方。字体设计，编排范式，视觉化图表设计，也有可与西方黄金比相媲美的中国网格计算和信息传播逻辑法则。若有心体味古人创造的传统书卷艺术方法论和创想理念，你会发现它离我们近在咫尺。

　　20世纪初由辛亥革命开启的中国新文化运动，使书籍制度东渐西进，如文本的竖排格式改为横排左翻阅读范式，装帧工艺由手工线装逐渐跨入书籍装订的现代工业化进程。50年代设计概念也以西学为主（苏联和东欧），形成东西融合的书籍艺术格局。中国的印刷术历经大半个世纪的铅字排版，20世纪80年代转换为照相植字，20世纪90年代的平版胶印成为中国印刷技术的主流。1985年被誉为当代毕昇的王选教授，成功研发的北大方正中文字体应用计算机处理系统（汉字激光照排系统），打破中文字体造字架构不能数码化的传言，报刊书籍印制领域得以最快速地衔接了世界数码印刷技术，实现了时代的跨越，真可称之为20世纪中国印刷术最伟大的一场革命。改革开放的三十余年，中国印刷水平好像瞬间进入世界一流的梯队，令该领域一向独具优势的西方刮目相看。虽然印刷技术突飞猛进，但书籍艺术的进步并不轻松，部分出版商把装帧当作书的销售竞争手段，只把功夫着力于书的外在打扮；为节省成本不惜将抄袭、山寨、跟风当时尚；把简单混同于简约，把烦琐充数于盈满；照搬西方模式，当作唯一评判标准，忽略东方的包罗万象语境和多主语的丰富表现力……中国古代美学的"夫唯前者启之，而后者承之而益之；前者创之，而后者因之而广大之"（摘自《原诗》），让我们明白先人在不断打破旧的程式，再建新程式的阴阳转换、周而复始的艺术创作规律，启迪我们珍视具有个性创想的多义性和多元性，不轻易扼杀或使其趋向边缘化，并得到应有的鼓励和价值体现。

　　上海市新闻出版局主办的"中国最美的书"的赛事，开启了一个广泛的国际化交流的平台，使更多的设计师以开放的心态和学习的诚意对东方与西方、传承与创新、民族化与国际化、传统工艺与现代科技有了新的认识。他们打破装帧的局限性，投入大量精力和心力，强化内外兼具的编辑设计用心，为创造阅读之美进行了有益的探索。中国众多有为的出版人和设计师相互合作，怀抱理想，绝不懈怠，因此才有了中国书籍设计的斐然成绩，一批又一批设计新人的优秀作品令世界瞩目。

　　中国每年要设计三十余万种书，其中不失好的题材内容和优秀力作。如果这些出版物仅靠一件漂亮的外衣，而文本叙述又流于平庸，编辑设计缺乏内在力量的投入，书籍阅读形态单一，又不具备做书概念、创意、专注、细节、态度与责任的专业心，这样做书，仅凭海量出版何以留住读者？好的设计应当是经历与编辑、著作者、设计者、印艺者来共同探讨具有最佳阅读、有效传达和五感审美的结果。

　　发现存在，寻找社会与个人关注的切入点，是当代书籍设计师应该拥有的意识，仅靠装饰美学的装帧手段无法传达书中内涵的时间与空间的本质。书籍设计是将平面的语言空间化、立体化、时间化、物语化、行为化、精神化的信息传达，设计要注入温度才能激起受众阅读的动力。设计是一种态度，而非一种职业。

莱比锡书展的艺术家展区，尤其引观者驻足良久。德国著名设计家乌塔、乌茨里克、萨宾娜的三驾马车展区，在世界著名的诸多书籍展会里，都会吸引我们慕名而去。他们的设计既充分体现主题，也呈现出一本本独具个性特征的新阅读形态的纸质载体，可见他们对书籍的理解是开放的，尤其是给予文本视觉化语言表达和信息建构语法的组织能力，以及突破书籍惯性阅读模式的强烈欲望，使人印象深刻，受益匪浅。在书籍设计领域，我们既要向西方学习、借鉴，但也要审视西方审美标准与东方审美精神不同之处，获取东西融合的评判合理的价值标准。所以，要改变某种非黑即白、非左即右的思维模式，要增进东西方文化的交流和相互学习，减少对双方文化精神的误读和误解。

以韩国出版人建造坡州BOOK CITY（书城）理想国为例，韩国一群出版人面对延续了半个多世纪的朝鲜半岛南北剑拔弩张的局势，为了打破意识形态隔阂，缓和南北紧张关系，通过同一民族的文化交往促进和平大业，大胆地在与朝鲜接壤的三八线附近一片荒无人烟的军事禁区建起了一座出版城。出版人坚信，民族和解不是靠炮弹火箭，而是靠同文同种的儒家文化基因。他们历经种种挫折，突破军方压力，求见多位历任总统，陈述"韩国出版文化整体性"的亚洲精神主导意识，面呈建设坡州BOOK CITY的宏伟蓝图，感动了执政者，并得到政府的支持和优惠政策。书城历经27年坚持不懈的建设，第一阶段基本完成，已拥有上百家出版社、流通中心、印刷企业。第二阶段设计教育、影视、IT出版园已启动建设，第三阶段筹划农业与文化家园相结合的绿色计划。他们的作为赢得全世界同行的瞩目和感动，这是世界独一无二的创举。亚洲书籍设计和书籍出版的学术交流活动在BOOK CITY已举办了十年，他们以亚洲文化特色面向国际化的市场，并在亚洲形成凝结东方出版相互交流融合的纽带，拓展21世纪的东方文化精神。他们的经验是严守东方传统"乡约"之规——"守信、诚意、克己、共同体"，而得以存异求同，荣辱与共，凝聚内在的力量——"节制、均衡、调和、人间之爱"。韩国坡州BOOK CITY的成功，也许就是亚洲文化精神的体现吧。

在中国文化中，儒家讲温、良、恭、俭、让，道家讲刚柔并济，佛家讲张弛有序，综合此三家，可归纳为"化阳刚为阴柔，内敛道劲，纵横如一"的文化理念，两千多年来，东亚诸国和地区无不受此文化精神的影响。面对当下好大喜功、急功近利、不守诚信、一味追求短、频、快回报的不良行风，我们确实应该冷静下来深入思考，东方精神对于文化创新、国家软实力的持续性发展到底有着怎样深刻的意义。

探究书籍艺术的传统与未来，不能用孤立的视点，要用敬畏与谦卑之心，了解先祖的创造的渊源，并寻找过去与今天、东方与西方的异同点，融会贯通，才能够传承中国自身书籍文化的精神。相信每一位中国书籍设计的参与者在今后的工作中会多一份本土文化的坚守和祈愿。

（二）莱比锡书展与中国上海馆

莱比锡书展于每年的 3 至 4 月在德国莱比锡展览中心举办，具有悠久的历史。可以说，近代国际书展的模式，都起源于 19 世纪初叶的德国莱比锡书展，它是德语地区书业界在春季最重要的事件。书展是为广大公众提供新书目的交易平台，书商、读者与媒体在这里可以直接进行交流。自 1991 年以来，作为作家的展览会，独特的"莱比锡朗读"文化节已成为书展的标志，数以万计的观众聆听他们朗读作品。

2015 年 3 月 12 日至 15 日，莱比锡书展首次设立了中国上海馆，面积 120 平方米，与"世界最美的书"展馆相邻，位置优越，集中展示了"中国最美的书"，除展出 250 余种"中国最美的书"获奖作品和外文版《文化中国》丛书外，还有"上海四季"摄影图片展。此外，中国展区举办了多种活动，包括新书发布、书法表演等。为配合这次展览，上海市新闻出版局将 12 年来"中国最美的书"获奖图书结集出版，由上海设计家陈楠设计，雅昌艺术公司资助制作，取名《书衣人面》，在莱比锡书展期间首次发行。

此外，中国设计家与国际同行同台交流，共同举办多项交流活动，包括"中国最美的书"设计艺术展开幕式、中欧书籍设计家论坛、中华书韵艺术论坛、中欧书籍设计家沙龙等活动，共同推动书籍设计艺术走向更高水平。

值得一提的是，在这次展中，上海市新闻出版局与德国汉堡文化局达成协议，莱比锡书展结束后，作为汉堡与上海市友好城市的文化交流活动，参展的"中国最美的书"获奖图书和《文化中国》丛书以及"上海四季"摄影展将于 2015 年夏天赴德国汉堡继续展示，展示结束后，参展的《文化中国》丛书将赠送当地图书馆收藏。

在此之前，国内的书籍设计，无论是观念，还是表现方式，都缺乏国际设计语言，尤其是面对西方设计强国的作品时就相形见绌。现在，中国社会经历了突飞猛进的大发展，祖国的日益强大为中国书籍设计师搭建了与世界交流学习的大舞台。通过请进来、走出去的方式，尤其是十年来的"中国最美的书"评选，中国的书籍设计达到了一个新的高度，无论是设计观念、表现方式还是印制工艺，都已经赶上或超越了西方。

第四节 现代书籍设计与市场经济

一、市场经济对现代书籍设计艺术发展的影响

市场经济的建立，带来创新技术和创新产品的不断涌现，而激烈的市场竞争不断推动产品和消费的发展，同时也不可避免地推动了书籍装帧艺术观念的更新与转变，改变了过去"只要内容不要皮""酒香不怕巷子深"的旧观念，书籍装帧艺术价值得到了高度的肯定。

由于受到门类繁多的新媒体的挑战，图书曾经的主流媒体的地位已成为记忆。面对电子阅读的威胁，甚至连图书作为物质形态而存在的价值也遭到了动摇。正是由于这种"皮之不存，毛将焉附"的忧虑，反而使书籍装帧作为一种艺术的独立存在变得更加重要，书籍以开本、纸张、色彩、插图、版式等营造出的艺术个性承担起了作为物质存在的书籍不能被消亡的责任。

出版界有一句很流行的话："读者买书，一看名，二看皮，三看内容。"因为图书市场的运作规律，总是对那些装帧精美的图书给予特别的青睐，对书籍装帧艺术中的商业价值给予充分的肯定。出版社的社长、总编辑、编辑、发行人员都对书籍的装帧非常重视，每个封面都要认真地审定，因为它直接关系到出版社的经济效益和企业形象。

在设计和市场的关系中，书籍设计艺术同时也具有对市场需求的引导作用，这是由设计本身所具有的创造性和未来性所决定的，它不仅适应市场需求，而且还能创造出市场需求。这种新的市场需求实际上是由新设计引发的，因此，可以说，是书籍装帧艺术设计创造了一个新的书籍。

二、书籍设计艺术在市场经济中的价值体现

（一）书籍设计体现整体美

书籍装帧属于艺术的范畴，书籍装帧的性质决定了书籍封面的文化性和艺术性。虽然书籍作为精神产品也卷入了市场经济的漩涡，利用封面做广告招徕征订的确发挥了一定作用，但书籍装帧绝不等同于一般商品包装那样会随着商品的使用价值的启动而完成和废弃。

市场经济中的书籍装帧艺术从以前简单的封面设计过渡到现在的封面、环衬、扉页、序言、目录、正文等书籍整体设计，将二元化的平面思维发展到一种三维立体的构造学的设计思路。

（二）书籍设计观念的变化提高了经济效益

市场经济推动着商业大潮，使一直被视为高雅文化的书籍也在汹涌的大潮中改变了原有的温文尔雅的面貌。商业大潮的神奇魔力，不但提高了书籍装帧艺术的地位，而且还塑造了书籍装帧风格的流行倾向。

近年来，随着我国经济的高速发展和人们物质文化生活水平的提高，人们审美的需求更加多元化，对书籍装帧的审美要求也越来越高，仅仅以中国传统的朴素之美来设计已不能满足读者对书籍设计的审美要求。随着印刷工艺、装订工艺的不断提升，我国的"书脸"的确在精致和豪华上达到了一定的高度。烫金压膜屡见不鲜，撒金粉加硬皮、用PVC材料做封面、用红木做函套等，花样百出。书籍设计插入精美的设计插图等，各具风格的设计层出不穷。

（三）书籍设计的艺术性促进了文化建设和经济发展

书籍设计的艺术性总是为出版者带来明显的经济效益，我们在工作实践中都有体会，一些书籍正是由于书籍装帧中较强的艺术性为发行增添了很高的印数。精美的书籍装帧就是一个无声的推销员，本身就有一个广告作用。漂亮的封面像一张好广告，能唤起人们的购买欲望，使读者下定决心购买书籍。

第三章　书籍设计的内容与立意

书籍设计是以一本书为对象,对其进行有美感的视觉创造,包括形态设计、版式设计、插图设计以及立意设计等多方面的内容,本章即针对这四个方面进行细致的研究与分析。

第一节　书籍的形态设计

一、书籍形态设计的内容

与传统的"装帧"观念相比,书籍设计不再只起装饰作用,而是实用功能和美观创作完美统一,常有人误解书籍设计就是封面设计,当然一幅优秀的封面设计的确能揭示书籍深刻的内涵,并给人带来美好的享受,但毕竟只属书籍设计的一部分。书籍的设计是由多种元素构成的。

(一)开本

所谓开本是指一本书的幅面大小。现代书籍的开本变化多种多样,以适应不同读者的需要,开本的比例可以决定一本书的形象在读者心中的美与丑,根据书籍内容适当选择开本比例,会让人第一眼就感受到其特有的韵味,这是书籍内涵的外在表现。同时,由于特殊纸张的大小不同,所以也可考虑用其来丰富开本的形态。独特、新颖的开本设计必然给读者带来强烈的视觉冲击。

书是传递文字信息的物质载体,因此,设计者在为一本书作设计前,首先考虑的就是容字量,再就是考虑该书的内容所决定的阅读方式,然后再决定开本的大小设计。开本的选择,是设计者将自己对书的理解转化为书籍形态的最重要手段之一。

　　书籍的最基本材料就是纸张。我们通常把一张按国家标准分切好的平板原纸称为全开纸，把全开纸按倍率原则切割成高宽比例相等的若干小张称之为多少开数；将它们装订成册，则称为多少开本。开本可称书籍的第一形象，也就是书籍的外部造型，是指一本书的体态、幅面大小。因为出版用纸的种类繁多，不同纸张有不同用途，所以书籍设计者一定要根据书籍的要求、经济计划，以及印刷条件来决定选用最合适的纸张，做出最合适的开本的设计。现在纸张幅面的规格越来越多，也给开本设计的多样化提供了有利条件，但纸张的制约仍是开本设计需要考虑的因素之一。

　　由于国际国内的纸张幅面有几个不同系列，因此虽然它们都被分切成同一开数，但其规格的大小却不一样。尽管装订成书后，它们都统称为多少开本，但书的尺寸却不同。如目前16开本的尺寸既有204毫米×285毫米，也有210毫米×285毫米的。在实际生产中通常将幅面为787毫米×1092毫米的全张纸称之为正度纸；将幅面为889毫米×1194毫米的全张纸称之为大度纸。

　　现代书籍形态的变化多种多样，以适应不同读者的需要。开本的设计按纸张的幅面裁切而定。纸张可分卷筒和平板两种。

　　平板纸有不同的幅面尺寸，我国最常用的纸幅尺寸是787毫米×1092毫米和889毫米×1194毫米两种。将500张纸平叠在一起，即成一个计量单位"令"（Ream），它是平板纸专用计量名称。

　　卷筒纸，顾名思义，是将宽度分别为787毫米或880毫米不同规格，数千米长的纸，卷成圆筒形。它们均以"吨"为计量单位，一般适用于高速轮转机印刷的报纸和杂志。

　　纸张的厚薄以克来区分，它是以一页的每平方米的重量来决定的，如52克、60克、70克、80克、100克、250克等，克数多，说明纸张的质地就厚；克数低，说明纸张的质地就薄。

　　现代图书虽然品种繁多，但从其形态与实用上来看，不外乎两种：一种是以阅读为主的普及型读物，其开本小巧、纸张轻薄、印刷简易；另一种是以欣赏收藏为主的珍藏型书籍，其开本要厚重、纸张要豪华、印刷要精致。

　　书籍的内涵是书籍设计要体现的一个重点，因此要根据内容选择恰当的开本比例，让人第一眼就能感受到其特有的韵味，这是书籍内涵外化表现的手段之一。如长篇巨著，大型工具书字数多、规模大、书脊厚，一般使用大开本。有些篇幅少的书籍，一般来说开本可小一些。通常文献资料、工具书等是长期陈列在书架上的书籍，这类书籍的设计者可以采用扩大容字量的措施，将开本设置大一些。而旅游手册等随身携带的书籍.开本不宜过大、过宽、过厚，它可以是一张折叠的纸，也可以是一本放入衣袋的小册子，以方便携带。

书籍的设计受工艺制作限制，因此开本设计也必然要受到纸张幅面和印刷条件的制约，使得我们在设计前不得不考虑合理使用纸张幅面。

（二）函套

我们的祖先为了保护和方便查阅多卷集的书籍，就用木制书盒、书箱，把书籍进行分类存放、收藏，后来又用厚质纸板作材料，用各种织物裱糊做成函套。有些函套的设计与书籍的风格十分协调。对塑造书籍的整体形象，反映书籍的特有"气质"与品味起到相当重要的作用。特别是现代新工艺和新材料的介入应用，使得函套的设计就更富有独创性，书籍设计者可以不拘手段运用一切材料营造书籍函套的独特风格，增加书籍的欣赏和收藏价值。书籍的函套是书籍设计的一部分，在设计中我们可以从以下几方面考虑。

1. 材料的表现

充分发挥材料的表现力，纸板、牛皮、金属、丝棉麻织物等都具有不同的个性，利用其特性制成的函套，必然会引起不同的视觉感受和心理反应。

《朱熹大书千字文》（图3-1）一书以原大复制宋代名家朱熹的千字文，此书函套为了追求原汁原味风格，将一千个字反向雕刻在桐木板上，仿宋代木雕印刷版，全函套以皮带串联，如意木扣锁合，粗犷豪放，木质的花纹起到了自然的装饰作用，皮带的使用体现了古朴的风貌，在这里材料的合理使用，更加体现了书籍的个性。

图3-1 吕敬人《朱熹大书千字文》

2. 结构的合理

书籍函套的主要功能是保护书籍，但如果其结构形式不合理，必然会给书籍原设想带来相反的效应。如果无论什么书都做成插入式函套，这不论从视觉还是从触觉上都引不起读者的兴趣。优秀的书籍设计者应在可塑性很强的书籍函套中，注入具有个性的设计，如图3-2所示。

图 3-2　书籍函套设计

3. 与内容的协调

函套的设计一定要从书籍的内容出发，必须考虑读者对象的心理和生理特点、书籍的出版目的，以及书籍整体设计的风格。那种不切实际采用高档材料、追求豪华外表、故意猎奇、哗众取宠的设计，都与书籍艺术的文化品位格格不入，严重损坏了一本书的审美价值。成功的函套设计不应只是书籍一个漂亮的外衣，而是既要起书籍的"包装"作用，又要反映书籍的内容情节和气质，如图 3-3 所示。

图 3-3　书籍函套设计

吕敬人先生在为《子夜·手迹》作设计时，将函套的造型一分为二，突破了传统书籍的固有模式，具有民族特色的铜制拉手，轻松地把书籍函套抽出。传统的函套稍作修改，空余部分正好露出书籍的名字，让读者的视线在函套的引导下逐步向书中过渡，在书籍与读者之间形成有特点的信息传递方式。

（三）书脊

书脊虽小，但它却是封面和封底的连接点，是书籍设计的一个部分，虽属于书籍设计整体的一个局部"细节"，却具有很强的实用性和审美性。

在书籍设计中，作者名和出版社名在封面中不一定非要出现，但书脊上书名、作者名和出版社名这三个名称是万万不可少的。因此书脊在整个书籍设计中占重要位置，绝非简单处理所能应付的。当书籍处于书架上类似群居状态时，为读者提供信息只能仰仗书籍的书脊来作为书籍的整体形象代表呈现在读者面前，其作用就是书籍的另一个封面。书脊要像护封一样具有艺术魅力，不论是立在书店的书架上，还是放在书房的书柜里，书脊首先能让读者知道这是一本什么书，作者是谁，由哪家出版社出版，好的书脊设计能起到画龙点睛的效果（图3-4）。

图 3-4　书脊设计

（四）勒口

勒口是在精装书中护封包住内封向内折的部分，既有审美价值又有实用功能，在设计中不可忽视（图3-5）。从设计上看勒口是护封连接内封的一个必要过渡，前后护封的设计也可以延伸到勒口上，设计者将勒口纳入设计的范围，把它作为整体设计的一个重要组成部分，使读者在阅读的过程中，流动的视线享受到充分的视觉审美满足。勒口可印上书籍的内容简介，作者的简历、肖像，或作者的其他代表、专家对此书作的简短评论，甚至是出版社出版的新书介绍或与此书形成系列书的其他书籍名称等。

如何把握勒口的宽窄，一方面取决于成本，另一方面也体现着设计者对勒口功能的理解和艺术的追求。

图 3-5　勒口

（五）护封

护封（图3-6）是一张扁长形的印刷品，在平装书中通常称为封面，其高度与书籍的长度相等，长度能包住前封和后封，护封的组成部分从其折痕上来看从右至左分别是前勒口、封面、书脊、封底、后勒口。

图3-6　护封

书籍的护封是书籍的外层部分，故称之为书的"脸面"。每一本书都要有自己合适的护封，它的重要性在于强调书籍种类，用自己独特的书籍艺术语言给人们进行宣传的同时，又要给人带来艺术的享受。这是一本书最先接触读者的部分，是书籍艺术中的核心部位，所以是书籍设计最重要的一项工作。如果将书籍比作建筑，那么书籍的护封无疑是这些建筑的外观设计。不管是西方的后现代派形式，还是中国的皇宫、寺院风格，仅从外观就能体现出该建筑的精神面貌。

书店里出售的书籍将会被许多读者翻阅，这样，书籍必然受到一些损伤，那么这时保护书籍的任务就交给护封了。除此之外护封还有另一个重要任务，就是在销售过程中起广告作用。书架上书籍琳琅满目，读者的目光在浏览这些书籍时，必然首先注意到书籍的外观，如果护封这张"小型海报"设计新颖、具有一定的视觉冲击力，而且风格和书籍内容相得益彰，读者就会注意并喜欢它，从而产生购买此书的欲望。

护封一般都是展开设计的，便于文字、图形、色彩在处理上有连贯性，达到前呼后应、统一协调的效果，它不是一幅装饰书籍的简单画面，其形象、色彩都应具有概括力和象征性。它从属于书籍的内容、性质和精神，因此设计时既要反映有较大信息量的书籍内容，又要有很高的审美价值。作为书籍的脸面，护封是视觉传达的一个屏幕，它天地虽小，容量却大，蕴含着丰富的信息量，具备独特的艺术语言，能把人带入广阔联想的世界。

初学书籍设计者一般只把设计重点放在前封上，总认为书籍呈现在我们面前时是平摆着的，其设计就受到这一小块平面面积的限制。但是读者拿起书籍时，往往会前后翻看一下，如果封面的设计通过书脊延伸到封底，继而又扩展到前后勒口上，那么护封的各个部分既独立而又相互协调，就形成了一个气势更大的设计空间。

书籍的护封设计是在一个有限开本空间里进行的，它主要是靠文字、图形、色彩、材料及工艺来实现设计者的创意。

1. 文字

书籍护封中的文字，主要是指书名、作者名、出版社名称，以及为了增加广告性而设的提示语等。这些文字信息堪称这本书的语言文字精华，在设计中占有相当重要的位置。若把它们融入设计的画面中，参与各种排列、组合和分割，往往能起到令人耳目一新的效果。特别要注意的是书名字体的选择，现在电脑数据库中有各种字体可供设计者使用，如果没有合适的字体，千万不要随便"拿来"一款，这时设计者就得发挥自己的创造力，才能设计出属于这本书的字体。一个优秀的书籍设计，其书名风格必定和书籍的内涵、个性相吻合。

2. 图形

图形是设计者思想的物化形式，是书籍文字内容视觉化的表达和补充，它体现了设计者对书籍内涵的理解，同时也是书籍设计中的视觉形式美点，起着装饰的作用。图形可具象，也可抽象，不论采取什么表达方式，首先要具有强烈的视觉冲击力，这样才能引起读者注意这本书。设计者可以用不同手法来进行图形的设计，凭自己的艺术修养、文化素质、审美观念和丰富的联想创作，激起读者心灵的共鸣。

3. 色彩

书籍的色彩过去受印刷条件和成本的制约，常限制在数个专色内。随着科技的发展，四色胶印在印刷中占据主导地位，用电脑分色的方式使书籍的色彩无论是精度还是层次，都可以满足设计者的要求，因此当今书籍的色彩十分丰富，这为书籍设计者带来一个崭新的设计天地。书籍中的用色，最忌盲目堆砌，设计者为追求更好的视觉效果，让色彩直观反映作品的风格，就得依据内容准确把握色彩，用色彩创造个性、创造美。

4. 材料及工艺

护封一般都选用质地较好的纸张，这是护封的保护功能决定的，使用最广泛的是157克以上的铜版纸和哑粉纸。特种纸的出现使护封的设计更加丰富多彩。选择护封的印刷工艺，是书籍设计的重要内容之一，印刷工艺包括铅印、胶印、覆膜、电化铝烫印、机凸、UV等。

（六）腰封

护封的另一种特殊形式是腰封，因其高约50毫米，只裹住护封的下半部或只护及护封的腰部，故称为腰封，也称半护封（图 3-7）。腰封有时用来刊登出版广告或有关此书的一些重要补充事项，有时也纯粹起装饰作用，所用色彩和图形都与护封协调一致，腰封不论偏上一点或偏下一点都与护封共同构成一种有趣的画面。腰封的使用以不影响护封的效果为原则，当然如果护封上的书名或点睛的设计之笔都在下半部分，那么腰封的设计也就没有意义了。腰封设计一般常见于文艺类图书和小说，日本、欧洲各国经常采用。

图 3-7　腰封

（七）内封

内封（图 3-8）是指精装书籍被护封包裹住的部分，起着支撑和保护书芯的作用。内封分软内封和硬内封两种形式，精装书的硬式内封本身是硬纸板，外面用特种纸、织物或皮革裱糊，根据材料可分为皮面精装、织物精装、纸面布脊精装；软式内封则由具有韧性的白板纸、卡纸等制作，由于内封的材料本身具有独特的色彩和肌理，又是被护封包裹在里面，所以内封的设计往往比较单纯。

内封的材料并不是使用价格越昂贵的就越好，书是需要用手去翻动的，各种各样材料质感不同，均会令读者产生不同的心理反应，同时也能间接地体现出书籍内容的特有韵味。新材料和新工艺的出现使书籍的装帧材料更加丰富多彩，这就要求书籍设计者具有不断创新的意识，了解使用什么材料将会达到什么效果，将材料作为一种设计语言和必备元素去进行内封的设计，并让读者的视觉和触觉感到享受和满足。

图 3-8　内封设计

从设计风格上来说，内封的设计更趋于简洁，图形色彩更趋于单纯，一般采用在原材料上进行烫压工艺来表现，把内封上的所有设计元素或压凸或压凹，使其与材料融合为一体，用这种特有的意味传达出书籍的艺术语言。

如果是没有护封的设计，内封就该具有双重性的功能，既起保护作用，又要担当内封完善传达信息的职责，这时的内封设计就需要有较强的表现形式，以增加视觉效果，才能完成护封与内封的内外兼顾的责任。

二、书籍形态设计的类型

（一）书籍平面形态——二维

在书籍设计中，从总的视觉形态上看，其成型状态或使用状态以平面的感觉为主体，我们就称其为"书籍平面形态"的类型。

虽然书籍在现实中皆是以三维立体的形式存在，但是它给视觉的感受却通常包含平面感受、立体感受以及虚拟感受等。一些厚度较薄、开本较大的书籍通常会给人比较强的平面感受，比如：期刊、画册等，特别是当对它们进行展示的时候平面感受尤为突出，这类书籍的形态显然属于书籍平面形态的类型。

（二）书籍立体形态——三维

在书籍设计中，从总的视觉形态上看，其完成状态或使用状态以立体的感觉为主体，同时又不失书籍设计的种种特征，我们就称它为"书籍立体形态"的类型。

林林总总的书籍形态无论从体量还是视觉感受来看都属于立体形态的范畴，其中又以精装书籍较为典型。精装书通常具有较为充足的体量，这在视觉上往往给人以立体感受。其护封、封面、环衬、扉页等书籍主要组成部分相对较为完整且选材较为考究，这些都使人在使用过程中较易产生层次感、立体感。

折叠书是书籍立体形态的一个典型。折叠书的厚度都比较大，这是书籍内部折叠部分较厚的缘故，书籍普遍具有这种由体量传达出的立体感。在使用状态下，读者对书籍进行翻阅过程中由内页上浮出、凸起而成的一个个立体造型更具有代表性，书中的内页皆经过折叠，在翻阅过程中将其展开会感受到很强的立体感。当人们阅读《哈利·波特魔法学校》一书时皆会被书中一跃而出的"城堡"所震撼（图 3-9）。

图 3-9　　《哈利·波特魔法学校》

（三）书籍空间形态——四维

在书籍设计中，从总的视觉形态上看其成型状态或使用状态以空间的感觉为主体，我们就称其为"书籍空间形态"的类型。

书籍的完成状态多属于立体形态的类型，人们按照不同目的对其进行使用时会呈现多种形态类型：当人们将书籍展开进行内文阅读时，它会呈现平面形态的类型；当人们将书籍按照实物的方式进行使用时，会呈现立体形态的类型；当以展示为目的，从空间的角度对其进行使用时，它便会呈现空间形态类型的特征。

刘晓翔设计的《囊括万殊裁成一相：中国汉字"六体书"艺术》体现了浓厚的中国文化，通过撕开内页可以生成两本书；如果喜欢其中的书法作品可以拿下来裱起来，这无疑对书法爱好者是个福音。按照设计者所述，这本书可以布置200平方米以上的展厅，也将书籍的视觉效果引入到空间设计之中。

第二节　书籍的版式设计

一、版心设计

版式设计的第一个环节是版心的设定，版心是书籍内页的基本框架，图文信息排列在版心以内，版心以外的地方可进行边饰设计。版心设计有两种情况：一是固定版心，图文信息在版心的范围内排列，不得冲出版心。这种版心的设计形式，体现的是一种规范、严谨、成熟、稳重的书籍风格。二是无版心，无版心设计的书籍，对图文排列没有规范性的要求，可以在版面中随意排列，突出的是个性化，但书籍订口处要留出足够的空间，避免书籍成品后图文信息的不完整。

版心的位置和大小，要根据书籍的开本形状来决定。如历史、文学、学术类等，版心的设计适合小一些，边宽阔一些，天头要比地脚宽一些，这样能够使人在视觉上感到舒适，体现文雅的书卷气；如百科、工具、生活类等书籍，尤其是图文书，版心可以设计得大一些，边留得小一些，使版面的图文信息更丰富饱满。版心的设计虽然有比较规范的形式，但并没有严格的标准，主要靠设计者对书籍的理解和审美的感觉而定。版心设计虽然要遵循一定的规则，但这不是绝对的，对于设计经验丰富的设计师而言，凭感觉而设计是最佳途径。

二、边饰设计

边饰设计的位置一般在版心以外的边缘，设计的内容主要是书名、丛书名、章节名、页码和图形、色彩等。边饰的设计可以在书籍排版制作之初来设计，也可以在排版的过程中，找到感觉后再设计。边饰设计最常用的手法有点、线、面或图案、文字的组合。早在古代书籍中，就比较重视边饰的设计，如中国传统线装古籍中折口处的"鱼尾"，就是边饰的一部分。边饰设计是体现书籍整体风格的重要环节，是贯穿书籍品味的延续。有些书籍因过于强调边饰，设计得很复杂，这样不但不利于阅读，也无法达到与内文统一的美感。现在书籍的内文排列是从左到右成行，由上至下成段；竖排（也叫直排）则是从右至左成行，自上而下成列。根据阅读习惯，边饰的定位要考虑到与文字排列形式的相辅相成。对于边饰，没有什么标准，一切视书籍的整体设计风格而定。

边饰点、线、面的用色方面，边饰的色块和线条一般用黑色，如果色块面积比较大，则不宜用黑色，适合用浅色。如是彩色书籍，边饰的用色也可以用黑色以外的颜色，但不宜色别过多，一两种颜色即可，色彩的运用应与纸张和书籍风格联系起来，以及色彩的名度、纯度等。过于鲜艳的颜色会夺人眼目，如果不是有意为了达到特别效果，边饰的用色不宜太突出。

现在书籍的版式中，图案、图片或符号的运用，主要作用是起装饰效果，美化版式，增加文化品位。它们的选用要考虑书的内容，虽然分量很小，但设计得当就会为书增色不少，成为书籍的亮点。图案的选用要具有代表性和完美性，适宜精小美观；图案的色彩不宜过于复杂，单色或灰黑色为宜。

书籍的页码从单一的功能性到与装饰性相融合，发生了许多变化，具体的形式大致分两种：一是习惯的安排，如确定字号、位置。规规矩矩地放在页面的下边，一左一右者居多；各自居中者也有；还有左边与右边居中、居上与居下等。这种情况除了位置的变化之外，几乎没什么设计，往往与边饰关联不大。二是融入一些设计成分，擅于变化，没有具体的模式。边饰设计的风格要与封面联系起来，封面中的设计元素，可以直接用到边饰中去，还要进行简约处理，使其更精练、更符号化，从而使书籍内外达到完美的统一。

三、书口设计

书口或称"切口"，书口设计是在外观上营造一种特别的视觉效果，以映衬书籍的整体风格，书籍成品后得以体现。书口设计基本有两种做法：一是包括在边饰设计之中；二是后期工艺，凡是设计元素做出血的，就会在书口出现图形，可能是一条线，也可能是一个块面。出版人一般不太注意书口的设计会对书籍有什么影响，所以很少考虑到这一细节。

除书口以外，书籍的上下两个切面，在适合书籍风格的情况下，也可以加以设计。读者在阅读书籍的同时，会感受到书籍内在的品质。在版式设计时需要精心规划，每一个页面部需要精心安排，如果设计的是比较素雅的文化、文学、历史、政治类等书籍，则尽量不做书口设计，要让书口干净整洁。如果设计的是图文并茂的书籍，且许多图片是出血的，单看版面可能是美观的，但因为没有注意到书口的效果，成品后会发现书口有不规则的图形，很不美观。如果开始没有进行书口设计，书籍成品后还可以做一些后期工艺，比如在书口上刷色或烫印（有真金、金箔、电化铝等不同材质），又称"滚金口"，当然还有其他材质的。以前的一些精装书，习惯在上书口刷色，有蓝色或红色等，目的是防止灰尘落在书上，时间久了造成对书籍的伤害，还能引导读者产生对书籍的一种爱护意识。滚金口，主要为了使书籍外表美观华丽，以提升价值感。书口设计要考虑书籍的风格和品质，对印刷工艺的要求比较严格。

四、环衬设计

环衬是指内文版面与封面之间的过渡页。需不需要环衬，没有硬性规定，完全根据美观和书籍品质来决定。有的平装书籍没有环衬，打开封面后直接就是扉页，直截了当。对于优秀的书籍进行环衬设计是很有必要的，尤其是精装书。精装书的前后都有环衬，平装书最好也要有，以示书籍的前后呼应。环衬设计从功能的角度，可以起到连接与保护的作用；从视觉的角度可以起到美观、过渡和提升品质的作用。环衬的设计主要有两种方法：一是选择特种纸，不做任何图文设计和工艺；二是作为既独立又有联系的版面来设计，选择纸张时，要把握纸张的色彩、纹路和质感与书籍风格相称，特别是封面到扉页的风格过渡，要起到一种协调的桥梁作用。环衬设计也可以随内文的纸张一同设计，计算在印张内。设计风格要注意其独特性，要与封面和扉页有明显的区别，图形和色彩运用虽然可以与封面和扉页有所呼应，但最好不要太相似。

环衬的设计元素可以是多样的图案、图形、文字或色彩，以及后期工艺等。如果环衬要有文字信息，最好不要再重复书名，可以是一句或一段能够引人入胜的文字，吸引读者对内文产生阅读兴趣；如果要设计图形、图案，要以精美为原则，能够让读老产生美感；如果是经典的文学书籍，为了保持书卷之气，环衬可以不做任何设计，留一张"白"纸给读者，以体现书籍的含蓄之美。

五、扉页设计

扉页是书籍内文部分的窗户，是点睛之处，自古以来就备受重视。扉页一般设在环衬后面的右首页，以方便翻阅；如果是传统的竖排右翻书，则相反；也可以把扉页左边的环衬作为扉页的一部分来设计，左右形成呼应。从功能和审美的角度讲，它是封面的缩影，因此，只要封面的设计方案确定，扉页也就基本成型了，甚至有的扉页可以直接复制封面的方案。扉页在采用复制封面设计方案的时候，尽量删掉一些不重要的元素，以简约为主。扉页设计尽可能地少安排或不安排图片，应以文字为主，图片和图案为辅。扉页既要按照一个独立的版面来设计，又要与其相邻的版面风格协调，既要在阅读功能和视觉效果上突出于其他版面，又要兼顾整本书的节奏感。

六、辅文设计

书籍出版要求规范、严谨，设计师在设计的每一个环节都要符合这一要求。书籍一般包括正文和辅文，版权、前言，序、目录、后记等属于辅文范铸。具体到某一种书籍中，"序"可能也有不同的名称，例如"序言""引言""导读""作者的话""代序""出版说明"等。另外对编写、翻译的稿子其称谓也有所不同，但意思大致相似。这些文字是书籍的重点部分，都要用心设计。

按照习惯，序言等文字也是从单页码起排，以符合书籍的审美理念和阅读习惯。有些科普百科、社科、生活、时尚、艺术类的书籍也可根据版面情况灵活排版，辅文在版面设计的时候，设计风格要简洁，在字体和版面构成设计上要与正文有所不同，与整体风格保持统一即可。版本记录页是书籍出版必须的一项记录出版数据信息的专页，位置一般在扉页的背面，为单页，设计时要注意两个问题：一是要严格遵照出版行业的规范要求进行；二是设计要简单清晰。

目录是快速查阅书籍内容的重要组成部分。目录设计的第一要素就是要保证能够清晰阅读，设计元素和设计手法都要适合阅读并体现美观。有的图文书为了体现丰富的内容和改变单调的版面，可适当装饰一些图案或摘选的短文，突出目录的独特属性。

第三节　书籍的插图设计

一、书籍装帧与插图的关系

书籍装帧是指对书的内在结构形式和外在审美形态进行的完整设计，而插图是对书籍的文字内容进行有目的的、符合书籍内容风格的形象表现。插图是从属于书籍装帧内容和风格的造型艺术，不同于一般的绘画。插图画家是要通过文学作品中的人物和场景来认知作者描写的特定生活环境下的特定人物，在忠于原作主题的基础上，插图画家完全可以发挥自己的想象力和创造力，运用造型艺术的特点来完善文字描写所不能代替的鲜活的艺术形象，如韩羽在他的《闲话闲画集》自序中说："一盲者、一跛者相寓于室，邻失火，火延及室，欲奔避，盲者苦失目，跛者苦病足，共商之；盲者负跛者于背，跛者掣盲者耳示方向，卒相偕逃离火窟。吾谓文、画各有所短。文之不足，以画补之，画之不足，以文补之，系效颦盲者跛者也。"当然插图并不完全是对文字进行补充说明，它有其自身独特的艺术特征，具有很强的艺术表现力。

从书籍装帧史来看，插图画家如果只是绘制插图，不参与书籍装帧设计工作，完全根据自己的画风和对书籍内容的理解来绘制插图，不考虑书籍装帧的设计风格，易造成书籍装帧设计语言与插图艺术形象的不协调，使书籍装帧的整体风貌被减弱。插画既然是从属于书籍装帧的，插图的创作的目的性就很明确，应该从内容到形式尽可能配合装帧设计，以适应书籍内容的相应条件，充分发挥插图形象的艺术感染力。正因为插图的创作与书籍装帧设计的整体性易相脱节，现今的插图画家一般也参与书籍的设计工作，书籍的设计者也绘制插图，为书籍装帧设计与插图形象达到完美统一创造条件。

二、传统书籍的插图

清代人叶德辉在《书林清话》中云："吾谓古人以图书并称，凡有书必有图。"清代人徐康在其所撰《前尘梦影录》一文中云："古人以图书并称，凡有书必有图。《汉书·艺文志》论语家，有《孔子徒人图法》二卷，盖孔子弟子的画像。武梁祠石刻七十二弟子像，大抵皆遗法。而兵书略所载各家兵法，均附有图。《隋书·经籍志》礼类，有《周礼图》十四卷……是古书无不绘图。"

中国古代书籍的插图有着悠久的历史，正如鲁迅所说："木刻的图画，原是中国早先就有的东西。"插图不但历史悠久，而且形成优良的传统。"凡有书必有图"是个夸张的说法，但是，在浩如烟海的中国古籍中，有插图的书籍实在太多了，无以数计。

中国古人为什么垂青于图画呢？这可能和远古的图画文书时代有关，图画是传达信息的一种手段。画在树皮上的画、石壁上的画，是先民们进行宗教活动、记录重大事件的主要方式，这些画是一部史书，是一部以图画文方式描绘在树皮、岩石上的史书。图画文书在远古是文字，也是绘画，中国古人们习惯于这种表达方式。文字产生后，文字可以表达准确的信息，图画失掉了图画文书的意义，但图画的形式却延续下来，并进入到书籍中。在雕版印刷术发明之前，书都是手抄的，画也是画家直接描绘在书上的。雕版印刷术出现后，图画采取插图的形式，一直延续到照相制版术的发明和应用。张守义和刘丰杰在《插图艺术欣赏》一书中云："书籍的基础是文字，文字是一种信息载体，书籍则是文字的载体，它们共同记录着人类文明的成果，从而传递知识和信息。书籍插图及其他绘画也是一种信息载体，在科学意义上，它和文字一样，都是以光信号的形态作用于知觉和思维，从而产生信息效应的。"鲁迅先生从另外的角度阐述了插图的巨大作用，他在《"连环画"辩护》一文中云："书籍的插图，原意是在装饰书籍.增加读者的兴趣的，但那力量能补助文字之所不及。"

（一）唐代书籍插图

雕版印刷自隋末唐初出现以后，在唐代得到发展，并逐渐应用到雕版印书上。

雕版印书一出现就和插图结合起来，形成图文并茂的书籍。开始是以卷首扉画的形式出现，以后，图插在文中，或占半面，或随形而定，或上图下文，或左图右文，这些形式被沿袭下来，一直到清代的线装书。

雕版印图比雕版印文字要早，这在玄奘和尚印的普贤像中已得到明证。但是，在随后的雕版印书中，图和文字同时出现了，图既成了书的一种装饰，又概括着书的内容，也成了独立的插图。

《金刚般若波罗蜜经》（图3-10），简称《金刚经》，这是举世闻名的发现于我国境内有确切日期的最早的印本书，是一部首尾完整的卷轴装书。该书长约16尺，高约1尺，由6个印张粘接起来，另加一张扉画，扉画是由一整块木板雕刻再印刷的，内容为释迦牟尼在给坐在莲花台上的长老须菩提说法的图像。画上释迦牟尼的躯体较大，居于图的中心，右手举起，正在说法，脸部微向左侧。座前有一几，上供养法器，长老须菩提偏袒右肩，右膝着地合掌，呈向上之状。佛顶左右，飞天旋线，二金刚守护神座两侧，妙相庄严，栩栩如生。四周诸天神环绕静听，神色肃穆，姿态自由。整个画面上的人物除左边的飞天和长老须菩提以外，都是侧身向左的。这个构图，就故事的情节本身，即释迦牟尼对长老说法中的人物大小和互相关联上，都明显地服从着故事主题的要求。插图画家充分考虑到扉画同后面（即左边）将要展开的长卷文字间的呼应关系，图文并茂，融为一体。

图 3-10　《金刚般若波罗蜜经》插图

《金刚经》扉画，布局严谨、雕刻精美、功力纯熟，表明9世纪中叶，我国的插图已进入相当成熟的时期。所以，人们有理由认为插图在此之前可能早已出现了。《金刚经》卷尾刻有"咸通九年四月十五日王为二亲敬造普施"字样。咸通九年为公元868年，距今已有1100多年。

（二）宋代书籍插图

经过战争，结束了五代半个世纪的混乱局面，建立了归于统一的宋代。国家稳定，社会生活的各个方面都得到恢复和发展。雕版印刷得到普及，插图从内容到形式都获得很大进步，佛教插图继续深入发展，不断走向成熟，不但出现了科技和医药等方面书籍的插图，还出现了以版画为主的画谱等；在形式上，突破了五代时的扉画和上图下文的单一形式，变得丰富多样。

宋代《妙法莲华经》为经折装书，有精美的插图（图3-11），此画人物众多，构图复杂，雕刻精细，线条尤为流畅，刀法纯熟，情态各异，很是生动。

图 3-11　《妙法莲华经》插图

在宋代雕刻的佛教插图中，有的上图下文、有的左图右文、有的内图外文，形式多种，生动活泼，很吸引人，其目的是争取信徒。

　　嘉祐八年（公元1063年），刊刻《烈女传》，由建安余氏勤有堂刻印，内有插图123幅，相传由汉刘向所编撰、顾恺之补画。该书上图下文，图文对应。清代人徐康在《前尘梦影录》一文中云："绣像书籍以来，以宋椠列女传为最精。"元代有复刻本，其形式大体保持宋代的原貌。"有南宋建安余氏刻本。内容分为母仪、贤明、仁智、贞顺、节义、续烈女等八卷。插图一百二十三幅。每页为一传，每页先后为一图。有的传文冗长，就斟酌缩小版画画面。雕的风格，是以简略的线条勾勒人物形象。其中的几案、纱帽、栏栀、树石的阴暗部分，重用墨板衬托，极为显明。"（李致忠著《中国古代书籍史》）宋代还复刻《平妖传》，采用上图下文的版式（图3-12），插图人物各具情态，表情各异，线条有粗有细，衣纹飘动，刀法纯熟，人物还有体积感，构图很讲究。

图3-12　《平妖传》插图

（三）元代书籍插图

　　元代雕版印刷技术进一步发展，印刷技术更为普及，出现了王桢创造的木活字及转轮排字盘；在雕版印刷方面，使用了朱墨套印的方法，这种双色套印的工艺使用复杂，很长时间并未真正得到发展。

　　元代至正年（公元134年），中兴路（今湖北江陵）资福寺雕版刻印的《金刚经注》（图3-13），卷首刻有无闻和尚注经图，注文和上部分的松树用黑色印刷，画面中的无闻和尚、侍童、另立一人及书案、方桌、云彩、灵芝等均用红色印刷，经文也用红色印刷，这是我国现存最早的朱墨双色套印的经折装书。至于是采用两块版分两次套印，还是一块版上分区涂刷不同色墨，用一次印刷，尚不清楚。

图 3-13　《金刚经注》插图

　　《全相成斋孝经直解》一书有15幅插图，现藏日本人村秀一手中；《竹谱详录》是一本画谱，刀法镌刻有力，线条流畅；《绘像搜神前后集》雕刻精巧别致，其绘画与雕刻均极精湛，堪称元代插图的代表作。

　　元代饮膳太医蒙古族人忽思慧所撰《饮膳正要》，全书3卷，以讲述饮食营养、烹饪技术、患病期间的饮食宜忌为主。书中附图168幅，其中有一幅图为食物中毒时的医疗场面，病人痛苦，家人焦急，医生沉着，侍者匆忙，十分传神。元代还出版带插图的《礼书》（图3-14）。

图 3-14　《礼书》插图

　　元代插图十分发达，形式多样，题材广泛，有单幅图、冠图、连环图画等，为明清时期插图的发展积累了经验，打下良好的基础。

（四）明代书籍插图

1. 明代前期

　　明代，我国的雕版印刷发展到全盛时期，插图也飞速发展，出现饾版印刷和拱花技术。插图本书籍越来越多，几乎是无书不插图，特别是文艺类图书和科技类图书的插图，成为书籍的有机组成部分。

永乐至正统年间刻印的《释藏》《道藏》卷首都有扉画，画面肃穆庄重，线条精细流畅，数篇连刻，形式新颖，十分精美。

洪武年间，民间雕印的《天竺灵签》，经折装，厚黄纸双面印刷，构图较粗糙，人物仅具形象，绣像式的画法。

永乐元年（公元1403年），三宝太监郑和刊印、姚广孝为之作跋的《佛说摩利支天经》一书的插图，富丽精工，堪称永乐时代的插图代表作。

永乐十八年（公元1420年）刊印的道家经典《天妃经》扉画，以天妃为主，侍从诸人，冠履显赫，气象森然，刻印极为工整。

弘治年间，由北京书坊金台岳家刻印的《全像新刊奇妙全相注释西厢记》，上图下文，插图占版面的五分之二，人物生动，线条粗细结合，很具线描的特点。图文之间由粗线条分界，图旁有图的标题，文字雕刻略显粗重，整个感觉不够精细。

宣德十年（公元1435年），金陵积德堂刻印的《金童玉女娇红记》，插图有86幅，每幅占半版。明初的插图构图繁复多变，以背景衬托人物，其中厅堂池馆、画廊帘幕、车马驮骡、花草树木等景物，也都为突出人物。雕刻刀法顿刻、钩斫运用自如，运用图案纹样以作为补白。

明代前期的插图，自然奔放，人物的须眉、衣裙的皱折尚有较明显的以刀带笔的痕迹，水平优劣不等，参差不齐，在黑白关系的对比上，大胆处理，多有创新。

2. 明代中期

嘉靖年间翻刻的元代王祯的《农书》，有农业方面的大量插图，形象地描绘了很多农业技术和用具，为推广农业技术和发展农业做出贡献。

明代嘉靖、隆庆以后，带有丰富插图的戏曲小说大量刻印，艺术水平也有很大提高，如《水浒传》、陈洪绶绘《西厢记》《金瓶梅》《牡丹亭》《玉玦记》《汉宫秋》《望月记》《荆钗记》《白兔记》《燕子笺》《拜月亭》《一捧雪》《邯郸梦》《四声猿》《历代古人图像赞》《列仙全传》《平妖传》《玉簪记》，熊飞绘《英雄谱》《傀儡图》《琵琶记》《古列女传》等，无不带有精美的插图，这些插图数量很大，都很成熟，可以说是明代插图的典范之作，也是中国古代插图的典范之作。

臧晋叔刻《元曲选》，附有多幅插图；《古本戏曲丛刊》所收明代插图有3800余幅。

明代中期，一批著名画家参与到插图中来，画了大量的插图画稿，如画家丁南羽、何龙、王文衡、陈洪绶等人。画家和刻工开始分工合作，为使书籍更能吸引人，都在插图上下功夫。由于画家的介入，出现了不同风格的插图，特别是体现在人物的刻画、构图的特点、景物的衬托、雕刻的刀法等方面。

万历年间刻印的李时珍的《本草纲目》，用大量的插图，形象地描绘了各种药用植物，文图并茂，实用价值很大，颇受社会欢迎，这是只有文字而无法达到的效果。明太祖第四子朱橚（公元1630—1424年）编写《救荒本草》一书，这是一部结合实用、以救荒为主的植物学著作，用通俗简洁的语言叙述植物的形态、生性及用途。每描述一种植物，都附有图，图的精确程度远胜于以往的本草著作。还出现了王盘的《野菜谱》、鲍山的《野菜博录》等著作，书中都有大量的插图。

万历以后，插图突飞猛进地向前发展，寻找到新的方向和道路，出现不同的风格，形成以地域划分的不同流派，如金陵派、徽州派、建安派等。插图一改以往大刀阔斧、粗枝大叶的刀法，由结构松散疏落的构图和粗犷、质朴、简练的风格，逐渐发展为工整婉丽、雕刻细致的风格。

3. 明代后期

明代中期以后，出现了以图为主的画册，如：嘉靖二十九年雕刻印刷的《高松竹谱》，这是早期的画谱；万历二十五年刻印的《画薮》；万历三十一年刻印的《顾氏画谱》；万历四十六年刻印的《雪湖梅画谱》以及《诗余画谱》《集雅斋画谱》等书。这些画谱中的图，都是以插图的形式出现，雕刻都很精美，是画家和刻工互相配合的典范之作。此时，也出现了以图为主、配有少量文字的书，这些书近似现代的连环。

万历年间（公元1573—1620年），汪廷讷所撰《人镜阳秋》刻本，插图是通过中缝的全面大图，勾描细致，笔法流畅。顾炳辑《历代名公画谱》、程大约辑《程氏墨苑》，均为左图右文，文字介绍和插图人物交相辉映。周履靖撰、万历年夷门广牍本《淇园肖影》，是一本竹谱的版画丛书。天启年间（公元1621—1627年）刊印的《三国志传》，在文内正中有一小方插图，十分别致，版刻有民间粗犷风味，而张栩辑《彩笔情问》，插图则纤细秀丽。

明末，徐光启编著《农政全书》，书中除系统介绍中国的农田水利技术外，还首次介绍了由传教士带来的西方水利技术。明代著名科学家宋应星于公元1634至1637年撰写《天工开物》（图3-15），书中记载了农业、纺织、化工、车、船、兵器、陶瓷、造纸、琢玉等多种工艺技术，并附图123幅。

图 3-15　《天工开物》插图

明代后期的图版雕刻，更加工整细致，画面极富雅丽，以精取胜。

（五）清代插图

清朝由于文化专制，提倡出版正统的儒家经典著作，对民间流行的小说、戏曲加以限制，致使插图总的趋势不但没有新的发展，且逐渐步入衰落。

清初，官刻插图承袭明代遗风，多有精彩佳作。如：初期编纂的天文历象等自然科学书籍的插图《律历渊源》中的绘图，极为精致、工整。康熙五十一年，由著名画家沈嵛绘图、吴中刻工名匠朱圭、梅裕凤雕刻的《避暑山庄三十六图景》，是为康熙御制《避暑山庄诗》配画。乾隆六年（公元1741年）又增乾隆诗，由朱圭重新刻印，比康熙本更加精细纤丽。朱圭是清代初期的雕刻名手，他还雕刻了《万寿盛典》一书中的"万寿盛典图"，全书120卷，其中41、42两卷全是插图，其内容是记录康熙祝寿的场面，画面构图严谨，人物布置精密有致。朱圭还雕了《凌烟阁功臣图像》《无双谱》《耕织图》等图版，这些插图都达到较高的水平。

三、当代书籍的插图

新中国成立后，插图艺术的形态得到了极大的丰富，版画插图不再是单一的表现形式，这得益于印刷技术的大发展，凹版、凸版、平版印刷方式的出现使书籍插图的绘制方法得以解放。

20世纪60年代，中国的插图艺术进入一个崭新的繁荣时期，各个绘画种类进入插图领域，如中国画、油画、漫画、水粉、水彩、水墨等，为书籍插图艺术的发展创造了有利的条件。

20世纪80年代后期，由于市场经济发展，出版社之间的竞争为出版界带来很大的压力，生存问题是出版社第一考虑的问题。书籍的编辑制作周期不断缩短，无法给书籍插图的绘制留有充足的创作时间，并且在较短的时间内也很难创作出好的、有深度的插图作品。很多书籍减少插图的数量，或干脆砍掉插图的创作，这样便可降低书籍的出版成本。此外，出版社插图稿费过低，不能吸引好的插图画家的创作激情，因此插图创作逐步走向低谷。但是，随着市场经济的深入发展，插图的形态也在发生微妙的变化，创意字体、图形创意、照相写真等逐渐参与其中，为插图家族不断增添新的血液。

四、插图的绘画与设计

（一）插图的分类

插图一般分为两类：文学艺术类插图与科学技术说明类插图。

文学艺术类插图：包括小说、散文、诗歌等这类作品的插图。文艺性插图创作余地较大，画家可根据书籍的主题进行自由发挥，好的插图可以在依附文学作品的同时依然具有很强的艺术价值，表现出画家独特的绘画语言特征。

科学技术说明类插图：指具有文字图解性质和说明性较强的插图，明白无误地表现某种技术和知识性的内容，以帮助读者直观认知用文字难以表达的准确信息。这类插图多在科技、教材和地理书中比较常见。

（二）插图的形态

大体有题头图、文尾图、辑页图、章前图、随文单页、随文插页和集中插页等形态，其中以夹在文字中随文插页插图的技术性要求更高一些。这样的插图必须紧密配合文字内容，绘制时要考虑到插图在书籍版面中合适的位置和面积，插图的线条和正文文字的线条是否相协调，印刷时所用纸张的厚度如何等。因为太薄的印刷纸只适合印制线描为主的插图，这样的薄纸如果用来印制大面积的黑块面，很可能将油墨印透，影响背面的文字识别，这些问题对随文插页插图的绘制起到重要的制约作用。而随文单页和集中插页的插图形态则更为自由，不会受到内文字体的制约，但所绘插图要与书籍内文版面的设计结构保持一致。题头图、文尾图等多在期刊、散文、诗歌等篇幅较短的文章中出现，插图的主体风格以抒情装饰为主。

（三）插图的绘制

插图创作非常忌讳插图画家常常采用自己习惯的一套手法，去给不同风格的文学著作画相同面貌的插图，这样必然会给读者造成千篇一面的感觉，使读者失去对插图的兴趣。好的插图，既要忠实于文学原著的内容情节，又需注重原著的风格和情调；既要善于根据不同作品的体裁和读者对象，采用各种相应的绘画语言，又能在不同的插图中，表现出画家自己特有的风格。插图的样式应随其文学作品的样式不同而变化，各种风格的文学作品也影响着插图风格的多样化。给小说作插图应该与诗歌不同，给童话作插图也应与小品文有所区别。同是诗歌，因诗的风格不同，插图也会有所变化。

插图除了要求画家深刻地理解原著的主题思想，选择最有代表性的情节、故事发展的关键和高潮来进行创作外，还要求画家对文本的体裁、风格加以重视和配合。比如原作是一种通俗性的文学作品，那么插图的表现形式，也应该尽可能让一般读者易于接受和理解；又如作品是诗歌，插图也要富于诗的意境和情趣。每个作家的作品都各有其风格、特点，有的粗犷、豪放，而有的细腻、严谨；有的热情、活泼，有的纯朴、深沉。因此，插图也应该采用各种不同的形象语言，利用线条的艺术表现力，挖掘线条的性格特征来表现书中的意境。再有，通过版面的构图变化，使版面中的字体和插图画面进行配合，表现出极有趣味的页面，用文字的语言形态衬托出插图形象，使画面的视觉效果做到文字与插图相互协调，使画家的创作和文学家的创作浑然一体，使书籍的设计与插图的面貌成为完美的统一体。

西班牙插图画家冈萨雷斯所画的《奥赛罗》（图3-16），用黑白画再现了歌剧的场景。整个画面是经过精心构思的：主体人物一黑一白，对比鲜明。人物的黑白象征着刚与柔的性格，也暗示着愚昧、狭隘、主观和善良、纯洁、无辜的命运。

图3-16　冈萨雷斯《奥赛罗》插图

象征是艺术，尤其是造型艺术的特征之一。绘画除直接表现，也有间接表现，如用比拟或隐喻的形象以显示某一事物的本质或含义，这种间接表现就是象征。虽然比拟或隐喻的方法是间接性的，所用的形象却是直接性的。

（四）插图的图形表现

如今，传统的现实主义插图仍然是书籍插图的创作主流，我们在市场上看到的期刊内的插图主要还是传统的表现形态。但随着人们审美趣味的提高和计算机技术在书籍设计中的广泛应用，人们的视觉思维能力得到了极大的发展，插图的表现形式较以前更为多样，表现主义、超现实主义的绘画方式在插图的创作中得以尝试，插图的艺术理念也在发生微妙的变化，尤以艺术理论的书籍插图更为突出，为书籍插图赋予了新的形态——插图不再是我们以前所见到的传统状态，它有可能是变化了的字体，也许是经过艺术处理几个色块，或许是通过一个字母的局部变化，也可能是书籍的中心主题形象和内文页的字体组合成一组有趣的画面。

（五）插图的独立性与从属性

读者需要阅读文学书籍，也需要欣赏文学书籍中的插图。从前出版辅助者，既要获得文学原著的具体描写所不能代替的造型的鲜明性，又必须使它和原著的内容紧密结合。前者就是插图的相对独立性，后者就是插图应有的必要从属性，两者的关系是相互依存的，而不是对立的。如果不从文学原作出发，片面强调造型艺术的特质，那就不能不丧失插图的从属性。如果形象性太差，那就不能不丧失插图的独立性，而且因为对文学原著没有补充和配合的作用，它的从属性也就变得淡薄。

插图创作中普遍存在着的这种情况：掌握不住小说的精神，不能阐明小说主题和运用绘画的形象来表现的情节，单是为了容易画，随便抽出一些字句，给文字作肤浅的造型翻译。加上造型（相对固定在画面上的动作、姿态、表情）很差，单调乏味，因而不能确切地描绘具体事物，也不能使插图和内容紧密配合，富于说服力地表达小说的主题，以致成为可有可无的附属品。《故乡》的插图不是这样"创造"出来的，效果也就不同。在创作之前，作者曾对《故乡》反复阅读，很受感动，充分体会到小说作者的情感，感受到人物的性格和情绪状态，因而在人物造型上进行反复推敲，所作插画非常符合作品艺术样式的特定要求，如图3-17所示。

图 3-17 《药》插图

插图作者对待文学原著，如同演员对待剧本一样，不是对于原著内容的简单复述，而是一种再创造的工作。再创造不能是无中生有，而必须切合原著的精神。

只要符合文学原作精神，完全可以充分发挥画家再创造的才能，着重描写某些必须强调的现象，忽略某些出现于小说的同一瞬间、同一场所之下的人物及其他现象，这不仅是允许的，而且是应该的。插图不只切合小说的某一片段的情节，而且切合整篇小说的精神，几乎可以说是小说精神的概括。在不违背小说精神的前提之下，画家可以不受拘束，自由发挥绘画的创造性。

作为文学作品的插图，如果要求它不是文学的附庸，而是既有从属原著的配合作用，又是具有独立性的美术作品。愈是能够动人地把处于一定环境中的人物的心理状态等重要特征表现出来，愈是能够使人感觉不是在看画，而是被人物的真实形象所抓住，因此它就愈具有绘画的独立性，也就愈有利于小说内容的阐明，发挥较大的配合作用。

插图的独立性和配合文学原著的从属作用是矛盾的，然而这种矛盾是可以解决、可以统一的。所谓绘画的完整性和独立性，不能机械地理解。在插图上，不仅像一般绘画那样需要精练，不允许多余的、没有意义的东西出现在画面上，而且因为它要和文字相互配合，不宜像独立的绘画那样，依靠它本身表现一切。

小说比插图要复杂得多。插图作者只选择了情节中的一个方面，着重描绘这一方面，而略去了其他方面。插图作者有充分理由可以选择他感到非画不可的方面，而割舍他认为可以不必用形象具体描写的其他方面。插图是否具有充分的完整性，是指它是否已经真实、具体地塑造了所要描绘的那一方面。如果插图不能充分表现书中的某个情节，也不能使读者由插图已经描绘出来的这一部分而联想起没有直接描绘在画面上的其他部分，那就根本谈不到绘画的完整性。然而，插图既然必须和小说紧密结合，产生"相得益彰"的效果，所以它虽然不直译小说的文字描绘情节中的一切，却又必须切合小说的描写，其形象才有利于小说的主题的阐明，不然就谈不上插图的从属性，文学作品也就不十分需要那样的插图。

第四节　书籍设计语言的秩序感

一、书籍设计图像语言的秩序感

秩序感客观存在于世间万物中，是人们主观视知觉经验的积淀。设计的过程也是视觉秩序化的过程。利用人们与生俱来的对"秩序感"的认同进行书籍设计图像语言规律的探究，有利于增强书籍设计的整体美感，以富有表现力的形象赢取读者、感动读者。

书籍的美是经过精心设计的和谐的秩序所产生的美，探寻书籍秩序美感的规律，可以提高书籍的可视性、可读性、可知性。从而感动读者，使读者体会到一种文字和形色之外的享受与满足，一种书籍设计的秩序之美。

英国著名艺术史、艺术心理学家贡布里希在《秩序感》一书中说道："有机体在为生存而进行的斗争中发展了一种秩序感，这不仅因为它们的环境在总体上是有序的，而且因为知觉活动需要一个框架，以作为从规则中划分偏差的参照。"由此可见，艺术的各种形态具有秩序化的特点。解读艺术的秩序感的过程正是我们感知和创造艺术形式美的过程。

书籍设计中的秩序美感，不仅指的是各表现要素要共居一个形态结构中，更指的是这个结构所具有的美的表现力。如今，各大书店里，充满了五彩缤纷、设计精美的书籍，但细细观之却发现真正流畅易读、美观实用、给人阅读上愉悦感受又能长久保存的书还是不多。有些书的设计外强内虚，还有的书封面和内文的设计缺乏联系，又有些书装饰无度，干扰了阅读。因此，我们需要以现代书籍形态为出发点去研究书籍的设计规律，视觉传达的概念和规则，从整体出发，去探询书籍形态美的本质。

图像是书籍设计中的重要视觉语言要素，是辅助传达文字的设计要素，借助图像的表达，可以深化读者对书籍内容的印象与感受，因为图像具有可视、可读、可感的特点，更具有准确、易识别、传递简洁、理解快捷等优点。探究书籍整体设计中图像视觉语言的秩序化、规律化的表现特征和设计方法，能在设计中恰当地运用图像视觉语言要素，这样既可以丰富版面层次，赋予书籍信息传达的节奏，又能扩大读者更多的想象空间，使读者有更好的阅读感受。

设计的本义，是经过对被设计体的分解、整理、策划，再进行秩序化驾驭的创作行为。

设计追求的是逻辑性的视觉表达，具有规律性的形式美。笔者认为在书籍设计当中对图像视觉语言秩序化、规律化的把握和运用主要应着重于以下几个方面。

（一）书籍设计与读图时代

在原始文化传播阶段，图像是传播信息的主要媒介，人们用图画表达自己的生活和情感。今天各种技术，特别是电脑的出现，使得读图更加精确、便捷。"读图时代"要追求图文更高层次的完美结合，突破传统图文之间的处理关系，充分利用语言艺术和图像艺术各自的表达优势，使它们在同一本书中达到和谐统一，以给读者更加美好的阅读体验。

20世纪60年代是中国文学书籍插图的繁盛时期，但之后特别是20世纪80年代，出现了文学插图的低谷，但正如黑格尔说的"凡是现实的都是合理的"。正当大家都因为书籍插图陷入低谷而感叹的时候，一个空前的"读图时代"已经来到。如台湾画家几米的作品《向左走，向右走》，台湾漫画家朱德庸的漫画系列《醋溜

city》《双响炮》等，又有大量的文史类、艺术类、儿童类图书配以大量插图。"图文书"的流行适应了社会阅读的需要，是由于插图的视觉功能与文字的阅读功能在读书的过程中形成了互补。另外借助于高技术的摄影、电脑软件处理技术手段．现代书籍的图像表达不仅仅限于手绘的方式，照片、三维立体图等诸多的表现手法，既丰富了画家的想象空间，也给表现和传达书籍内容提供了多元化的选择。进行书籍设计，在如何选择理想的图像时，应针对书籍内容和具体意向，选择合适的作者以及图像风格。因此，必须先了解书籍的内容、知晓时代需求和市场竞争情况。图像运用的成败关键在于对插图、风格，作者水平的估量以及书籍设计者创意的优劣。

（二）摄影图片的巧妙运用

1. 摄影图片设计的形式美感

在书籍设计中，设计者往往在使用照片素材时力求变化，营造出新颖的形式意味，为书籍设计增添更多的美感。

17世纪德国美学家席勒把人类艺术活动说成是一种特殊的以"审美的外观"为对象的"游戏冲动"。他说美是游戏冲动的对象，即活的形象。席勒的"游戏说"为我们的设计实践提供了一个理论依据。书籍设计中的形式意味创造很像"游戏冲动"一样，既有规则又有探索，妙趣横生。我们作为设计者完全可以通过剪切、虚化、拼贴而变换各种"游戏"方式，"玩"出新意来，将原本的摄影图像转换为富有形式意味的形象。

近年，我们常看到在照片下面，垫金或垫银，照片的形象即附着在金银之上，闪烁着淡雅朦胧的光泽，照片形象与金银底色融于一体，富丽又含蓄。拼贴是当代波普艺术的一种表现手法，照片拼贴是后现代艺术的一个重要特征，这些看似混乱的图片实则存在着一定的内在联系，通过对原照片的分割、解构，达到原意义的平面化，成为烘托主题的素材。

2. 摄影图片在封面设计中的运用

许多书籍设计者喜欢用摄影表达创意。对在一些设计者来说，照片与书名文字似乎是一对最佳搭档。照片在封面设计中的运用，改变了书籍设计的传统模式，营造了一个更亲切、更活泼与生动的视觉氛围，使书籍更贴近了读者。

照片做封面有三个特征：真实性是其一，因为照片给读者以真实感；其二是生动性，照片记录了偶然的瞬间；其三是公正性，往往照片的真实感深深地打动读者的心灵，照片在封面上所起的心理作用与绘画或图案不同，绘画或图案是画家心中之象，而照片却是真实的再现。它公正、精确、客观地反映瞬间世界。

（三）书籍插图的审美意趣

插图具有悠久的传统。我国明代陈洪绶所创作的《水浒叶子》，一直是书籍插图的范例，给予读者很高的艺术享受。欧洲中世纪手抄本中色彩艳丽、笔画精致的手绘插图，16世纪德国画家阿尔布雷特·丢勒精美的版画插图以及后来的巴洛克·洛可可浪漫主义、现代主义时期众多画家的插图都具有很高的艺术性。插画首先应该完成图书赋予它的内容要求，帮助读者更好地深入理解书籍的内容，同时它应该是美的、有趣味的。

1. 插图应与图书的内容相和谐

插图不能无限地偏离图书的内容，或与内容毫不相干，即使不是直接地描绘书中的情节，它也应该有助于读者在书籍内容的基础上去发挥想象，延伸思维活动。正如鲁迅先生所说，"（插图）那力量能补文学之不足"。用插图能帮助读者深入地理解内容。

2. 插图应与书籍不同类型相和谐

不同种类的图书适合不同的读者对象，如诗集宜用体现浪漫、抒情氛围的插图；童书的插图具有活泼、新奇、夸张的特点；科技书的插图应条理、精准。

（四）信息视觉化图表的应用

信息视觉图表是将信息再建重构的过程，它的运用使得信息对公众的传播更加便捷直观，信息视觉化图表成为21世纪中国书籍设计中十分重要的新课题。设计的本义是把被设计体进行分解、整理、策划，并进行秩序化驾驭的创作行为，因此我们在进行设计的时候，面对事物的本质从宏观到微观、从理性到感性、从时间到空间、从连续到间断、从解体到融合，都应有一个寻根问底的逻辑解析和思维过程。

如今是信息随手可得的时代，人们在电脑旁只需轻松地点触鼠标，庞杂的信息就会扑面而来。然而，那些集图像、符号、数字、文字解读于一身富有想象力和趣味性，并且经过了深入分析使读者在阅读时能便捷地获取信息的视觉图表却甚少。

近年书籍面临快节奏、高效率生活状态下新生代对信息阅读的挑剔与质疑，因而为读者提供便捷的阅读条件，对繁杂泛滥的信息进行概括、梳理、视觉化、发掘趣味性和富于想象力的信息传达的新的书籍语言也已成为时代的要求。美国著名图表信息设计家乌尔曼说："我们正在将信息技术与信息建筑给以嫁接，我们超常的能力能将数据信息储存并传达，使得这一梦想得以实现。"信息化图表使得一个历史过程、一种自然界的演变现象，一些事件，未来世界格局的设想，不需再用数以万字计的陈述的表达方式，而以其大量的确凿的信息数字和富有表现力的图像符号将一个个复杂问题清晰化，生动而有趣地揭示其中相互关系，并使人从中达到认识上的超越。使得读者在确凿可信并且具有亲和性的视觉信息面前，不必再去费力地阅读文字，即可通过有趣的阅读过程而达到接收信息的目的。

解读艺术的秩序感的过程正是我们感知和创造艺术形式美的过程。利用人们与生俱来的对"秩序感"的认同和欣赏以及适应和选择，进行书籍图像设计语言规则的探究，有利于在书籍设计中恰当地运用图像，增强书籍设计的整体美感，以富有表现力的形象赢取读者、感动读者。

二、书籍设计文字语言的秩序感

自然界中的事物，无论是结构、形态还是运动规律，都呈现出丰富多彩的有序的形式，这种"秩序"既是静态的也是在运动中不断变化的。人们从大自然中得到启示，在劳动实践中积累经验，适应和改造并且逐步完善、美化着自己的生活，于是就有了设计的相随。

控制并合理地安排各种视觉元素的过程，就是设计的过程，也是视觉秩序化的过程。联合国教科文组织，为设计下的定义是："设计是一种创造行为，其目的在于决定产品的正式品质。所谓品质，除外形、表面特点外，更重要的是决定产品的结果、功能关系，得到满意的整体。"

英国著名艺术史、艺术心理学家贡布里希在《秩序感》一书中说道："有机体在为生存而进行的斗争中发展了一种秩序感，这不仅因为它们的环境在总体上是有序的，而且因为知觉活动需要一个框架，以作为从规则中划分偏差的参照。"由此可见，艺术的各种形态具有秩序化的特点。解读艺术的秩序感的过程正是我们感知和创造艺术形式美的过程。

文字是书籍设计中的重要视觉语言要素。探究书籍整体设计中文字视觉语言的秩序化、规律化的表现特征和设计方法，可以促进人与书的情感交流，更好地体现书籍的整体美。

世界上不同民族、不同国家和地区的人们，使用的文字虽不相同，但它们都是智慧的结晶，其中并无先进与落后，优越与低劣之分。汉字、拉丁文字、阿拉伯文字等，这些文字都在各民族的历史文化中发挥了巨大的作用。具有丰富内涵的汉字，历经岩石、陶器刻绘符号、甲骨、金、篆、隶、楷、印刷字体等演变，再加上至今各类书写形式的变化，使得汉字具有广泛的审美功能，为我们在书籍设计时提供了丰富的创作源泉。书籍版面看似简单的汉字组合，实则隐含着明视距离的确定，不可视格子的排列规律；汉字组成的内容文字间，又始终贯穿着一条流动的轨迹线，带给读者时间、空间、大小、疏密、节奏的不同体验，产生了信息跌宕起伏的感受。

在进行文字编排的时候，放置文字的空间没有变化，却可产生不同的感受。将同一个汉字用不同字体来表现，给人的感觉也是不同的，而将字体倾斜、加长、压扁也会给人极不同的印象。自然美观便于阅读的宋体，通常作为内文字体的首选；舒展秀丽的仿宋体，多用于序、跋、诗文和小标题；规范端正的楷体适用于短文或小标题；横竖相同粗细的等线体，较宜充当理性的图注或资料文字。另外儿童书的设计，字体选择应以活泼为主要特征；给青年看的书，字体的选择应体现自信、坚定及开放性；给老年人看的书应体现中和、超然的字体性格。同时，图书的内容不同，字体的选择也应有所区别，诗歌、散文的清逸优雅，如果选择笨重、滞涩的字体就很难体现出书的气质。

设计追求的是逻辑性的视觉表达，具有规律性的形式美。在书籍设计当中对文字视觉语言秩序化、规律化的把握和运用主要应着重于以下几个方面。

（一）"书名字"的情感传达

"书名字"犹如书的眼睛，具有传神的作用，它是用无言的、充满形式意味的文字符号向读者发出无声的呼唤。"书名字"又是表达感情的载体，汉字不同的字体均会给人不同的心理感受。在封面设计中，书名、著作者名、出版社名，是书籍封面必不可缺的重要内容，这是封面的功能所决定的。封面文字应有主次，一般是突出书名文字，然后是著作者的名字、出版社的名字。

"书名字"又是读者关注的中心，由于"书名字"处在封面的视觉中心，所以，"书名字"字形的变化，会引起读者视线的特别关注。"书名字""形"的变化所酿造出的形式意味，会给读者以微妙的象征提示和复杂的心理暗示。

格式塔心理学家阿恩海姆认为：形状通过展示自身的本质，能唤起人类自身心灵感应的"力"。他提出了"心理-物理场"的概念。这一概念揭示出物理形状的"场"与精神的"场"存在着共同的力的结构，如：竖线显示出一般向上的力，横线给人以平展的延伸感；黑体字给人端庄严正的感觉，宋体字拉斜之后给人不稳定的游离感。这些活跃的文字在形体上的"力"，物理的场，一旦成为大脑视觉中心"生理力"的对应物，便与人的心理场形成了形状与心理的"异质同构"的对应关系，从而使人得到某种特殊的感受。所以诗集封面的书名字，往往用小巧玲珑的字体；如仿宋体，来烘托清雅和浪漫的感情氛围；浪漫的爱情小说，往往用拉斜的宋体体现其缠绵的情节特点；政治书的书名往往用端庄严正的黑体来体现其崇高。设计者应巧妙地通过对"书名字"的个性设计，酿造感性的形式意味，与读者进行心灵的沟通。

（二）中国书法的独特魅力

中国的文字是方块字，不管是横排还是直排，摆在一起，富有韵律美和秩序感，中国的书法艺术更是中国文字美的精华所在，好的书法作品如诗如画，优美的笔画组合，具有强烈的艺术表现力和感染力。如，由中国青年出版社出版小马哥和橙子设计的《守望三峡》，封面设计中首先映入眼帘的是豪迈奔放的狂草，"守望三峡"造型恰如"一石激起千层浪"，令人从三峡变迁中产生一种冲动和联想。这种注入设计者丰富情感的手写字体，让读者感受到三峡沧桑丰厚的文化积淀和三峡变迁的悲壮气魄。

在书籍设计特别是封面设计中仅仅依赖电脑提供的字体和字形变化是不够的，一些字体依然需要手写，如某些宋体、黑体、魏碑体，需要特别的味道，而这别具韵味的字体在电脑中是找不到的。另外，在我国书籍装帧设计中，常请书法家和名人挥笔题写书名字，极具个性，常常能在书籍设计中表现出豪放的激情，酿造丰富的文化韵味。作为中国的书籍设计者，也应在书籍设计中更好地发挥中国书法的民族魅力和风格。因此，充分利用中国传统的书法艺术并根据图书需要而恰当地运用，能提高书籍的品位，增强艺术感染力。总之，我们无论采用什么样的字体和哪种处理手法都不能脱离书籍内容，因为读者需要从各种不同字体所发挥的示意导向作用中识别书籍，以便选择购买。

（三）电脑字体新领域的开拓

如今，电脑不仅以其出色的表现给世界范围的设计师们带来了许多启迪和影响，而且它面向大众，其可操作性成为普遍的事实，由此，字体设计不仅仅是设计师的专利，普通人士也可以通过他们的家用电脑尝试有趣味的字体设计和运用方式。借助电脑这种工具，设计师们在字体开发上闪现了更多的灵感火花，他们坐在电脑前几乎可以随心所欲地使用各种字体，有些字体极具实验性、偶然性和不可模仿性。

当今设计世界各国的设计家都是在字体上精心创意，如why hot平面组合设计、番茄设计、BD设计、摩登狗设计等设计团体，他们的字体设计有非凡的创意以及形式语言多变的视觉感染力。他们在字母的组合构成设计、字母虚实平衡、间距、清晰与模糊度研究，符号的对比调节及视觉强度等方面做了较深入的研究与尝试。在现代科技高度发展的时代，书刊出版已进入了大发展阶段，除学术著作和专业书籍外，休闲读物及文化推广活动都有其自身的属性。书籍设计也应根据具体情况运用，以体现其价值观念、学术追求与思想文化内涵。

（四）文字中对比语言的运用

在进行文字编排的时候，运用对比的手法，能使字体更加醒目，也能更好地体现出书籍的精神内涵。对比的方式很多，主要有面积的对比，如书名字体选择很大，而周围的图形却简练缩小，使大小反差很大，形成层次感和纵深感。此外动态与静态的对比也是一种吸引读者视线的方式，如书法字体和印刷字体的混合使用。另外还有色彩的对比，大家常说"万绿丛中一点红"就是色彩对比的反映。字体的颜色选择应根据图书的精神，利用对比，充分发挥色彩的象征性、联想性。再者又有肌理的对比，如一根光滑的线条使人感觉轻松，而一根斑驳滞涩的线条，给人的感觉是沉重。因此，对不同类的书籍，应加强字体肌理效果的处理。书的气质是轻松休闲的，字体外轮廓线的处理，就应光滑简洁，不能拖泥带水；书的气质是沉重的历史感，字体线条就不能飘逸，对线条应作肌理上的处理，可使线条粗糙沉重。

任何色彩、造型或者是一根线条都能影响人的感觉、知觉、记忆、联想、感情等，产生特定的心理作用。由于人的认识活动首先是通过感觉，所以强调感觉中的某种对比，会给现代书籍设计开辟更加广阔的天地。另有虚实的对比、黑白的对比、无论何种对比手法的运用都引导人的心理感觉，目的是使书籍的文字及各视觉元素间形成有秩序之美感的组合，使书籍更具整体和谐的美感。

法国唯物主义哲学家狄德罗在其著作中有一段关于艺术的秩序化体现的论述："艺术产品中有本质美、人类创造美和体系美：本质美在于秩序；人类创造美在于艺术家依赖而又灵活地运用法则……体系美产生于观察。"因此，解读艺术的秩序感的过程正是我们感知和创造艺术形式美的过程。利用人们与生俱来的对"秩序感"的认同和欣赏以及适应和选择进行书籍文字设计语言规律的探究，有利于更好地发掘文字的个性化形态，深层内涵和意味，使读者充分享受阅读的乐趣，从而为读者提供更完善的精神栖息地。

第五节　书籍设计的立意

书籍的灵魂是立意，在书籍设计的诸因素中，决定其成败的重要因素就是立意。立意是中国传统美学和中国绘画理论中极其重要的概念，"意在笔先""作画贵在立意"，没有意的作品，等于没有灵魂的躯壳。

书籍大致可分为六类：政治书籍、文学书籍、艺术书籍、科技书籍、少儿书籍和工具书籍。各类书籍的内容不同，设计时的立意就不同，一幅优秀的设计作品不应只是书籍内容的说明，更是用独特的视觉形式让人们去感受书籍设计特有的韵味。设计时我们可以从材料、开本、封面，以及正文的排版等方面入手，在立意上下功夫，只有这样才能在书籍设计中达到更高层次的艺术效果。"意奇则奇，意离则离，意远则远，意深则深"。

一、概括书的内容

书籍设计者在对一本书进行设计前应熟悉书的内容、主题、特征、风格等，概括提炼出书的主题，努力寻找它们与设计之间的联系，并按自己的设计意图去发挥，去进行再创造。

书籍设计作品《小红人》获第六届书籍装帧艺术展览金奖。《小红人》叙述了作者几年来民间文化采风、考察所获得的深切感受，以及作者创作的充满灵性的剪纸小红人的故事。整个图书浑身上下，从里到外全是红色，从函套至书芯、从纸质到线装形式、从字体的选择至版式排列，无不体现出中国传统民间文化，封面上的剪纸小红人更是书籍内涵高度概括的合理表现。书籍的整个设计外观纯朴、色彩浓郁，极具民族个性特色。设计者熟练地运用中国传统的几样简朴的设计元素，其与书中展现的神秘而奇诡的乡土文化浑然一体，让读者越读越觉出其中的丰盛滋味。

《家》这部小说是著名文学大师巴金先生的作品，设计者吕敬人对这本书的设计不是简单地拼凑几个主人公的形象，而是准确地把握住其中的精髓来进行视觉再创造。《家》（图 3-18）的封面采用淡灰底色，显得沉重、压抑，一个视觉冲击力极强的书法体"家"字别具一格，占据了封面面积约三分之一，这个文字与人物的比例，清楚地说明"家"的统治地位；四个角的古老门环装饰，暗示了顽固、保守对这个家牢牢的控制。还有那象征封建家庭势力，夸张地放着微光的灯笼，紧紧地束缚着"家"。在封建社会，在"家"的笼罩下，伫立在门前两个主人公拖着修长的背影似乎在泣诉着对"家"的心声，恰到好处地与软弱的主人公的性格及对这个家庭的憎恨与无奈的心情相吻合。所有这一切都试图表现巴金笔下那沉甸甸的家，无声地传达出书籍更深的含义。在这里，设计者对书籍内容作了深刻的挖掘，几样设计元素朴实无华、毫不雕琢，就在读者被不知不觉地吸引中表现出设计者匠心独运的立意。

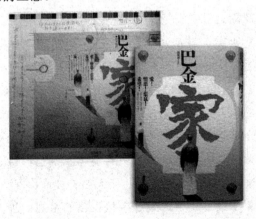

图 3-18　书籍设计作品《家》

二、发挥想象力

人类最杰出的艺术本领就是想象，想象是人类的财富，是人类区别于其他动物的标志。想象能为艺术带来无限的变幻。人类认识世界越深，越不满足对世界已成习惯的描述和表现。因此，读者便越来越要求书籍有更新的形式，更奇巧、更高的意境。

在艺术的形象思维中，想象创造就是在过去的感知、记忆、经验的基础上，利用各种新的方式组合这些记忆与印象，从中产生出新的形象。想象活动往往以生活的表象为起点，借助近似对象的感受、经验，产生联想，按设计者的构思，把游离的、分散的感知，组合成一个新的整体形象，来表达自己的创意。这种想象要冲破局限，展开思维空间，从古至今，从微观到宏观，社会、人类、历史、科学无不涉及，书籍设计者必须具备常人所没有的丰富而深刻的想象力，用象征与寓意的手法去反映人生的爱与憎的意念。

《犯罪通论》和《刑法通论》的设计者很好地把握住了这种想象与创造，用简洁的图像涵盖了原著作丰富的内容。"犯罪"和"刑法"都是比较抽象的概念，无法用具体的形象来表达，设计者在这里巧妙地选用一把平面的匕首影子代表着邪恶，一条绳索被匕首割断，无力下垂着，整个图像传达给读者的信息就是"犯罪"，然而罪犯必须要有"法"来"治"，因此坚固的铁链象征着正义的"法"，束缚住了匕首，整个设计在黑与白中进行，显得朴实、大气，图像造型语言的概括性表现，以及由此而产生的个性化的表现手法，给读者留下想象的空间。

书籍设计《守望三峡》以其整体的、有条理的编辑和装帧设计，使读者感受到三峡沧桑丰厚的文化积淀和三峡变迁的悲壮与气魄。

三、寻找趣味

书籍区别于一般商品之处在于它是用语言文字作为表现手段，只有通过读者的视觉、触觉，甚至是听觉、嗅觉，在阅读的过程中才成为书，所以书籍设计者应以读者的视觉、触觉等各种心理因素的要求来决定书籍设计方案。

好奇之心人皆有之，书籍设计的"趣味"是立意的又一表现形式，"趣"可以理解为一种艺术立意的取向，习以为常、平淡如水的构思自然无法吸引人。能引人注目的，必然是新奇有趣的，甚至是超越常理的。如果我们把相同的内容用不同的形式来表达，其效果也就截然不同，只有奇巧、别出心裁、充满"趣"的设计才能抓住读者的心理、拉住读者的视线，让人心旷神怡、回味无穷。

在书籍设计的形象思维过程中，设计者按自己的主观的趣，通过对生活的审美感受和体验，加以改造，提炼出能体现该书气质的有趣的图形、构图、字体、版式等元素，设计出诱人的视觉信息，让读者对此产生兴趣，达到让图书从书架上"跳出来"的目的，使读者产生购买的欲望。

《敬人书籍设计2》是吕敬人先生的设计作品和对书籍设计感悟的汇集。小巧的方形开本，恰到好处的厚度，新颖的展开过程，有趣的阅读方式。一黑一白两本书分明地把两个部分区别开。其中一本书的每一页都是书籍一个完整的展开页，但展开页是经折叠后装订在一起的，读者需要沿虚线撕开后才能看到书里有趣的内容。这种读者的参与行为，以及书籍展开后内与外、前与后完美的视觉传达，在这三维的立体和二维的平面巧妙的结合中，形成自然、潇洒、趣味盎然的画面。这正是《敬人书籍设计2》立意的趣味表现。

四、创新的方法

书籍设计中最重要的一个观念就是要不断创新。

创新就是要抓住概率最小的那一点机会，这样的书籍设计才有灵魂和生命，才能产生强烈的艺术感染力。

艺术上的创新首先是观念的创新。观念的创新提倡逆向思维的构想方法，因此设计者要随时代的发展不断更新自己的艺术观念，在思维方式上要克服顽固的思维定式。人的一生是由一个又一个同中有异、异中有同的阶段构成的系列，因此任何一个阶段，都会因社会环境的变化、设计家自身的修养，而影响审美观念，这些都会给我们的艺术创新带来一定的影响。所以，亘古不变的法则是没有的，只有在特定的阶段用特定的工艺、特定的材料和技法进行有特点的观念创新。观念创新是第一位的，有了新观念才会有新的立意、新的形象。

而观念创新往往来自逆向思维。有人落水，常规的思维模式是"救人离水"，而"司马光砸缸"的故事中，年龄还很小的司马光，面对小伙伴落水、生命垂危，自己和小伙伴都够不着水缸，喊大人又来不及的险情，灵机一动，果断地用石头把缸砸破，让水从破缸中流出，救起了小伙伴，就是运用了"破缸留人"的逆向思维。孙膑用添兵减灶的办法迷惑庞涓，造成了撤兵的假象，而诸葛亮却用减兵增灶的办法，摆出增兵的架势，瞒过了司马懿，撤军千里。这些逆向思维的事例告诉我们换一个思考方式，可以让我们走出陈旧思维的困境，最终设计出别具一格的作品。

在书籍设计中，我们只有抓住新观念，利用别人所想不到的新技法加上新的工艺制作方式和富有个性的材料，才能为书籍设计的立意带来新的活力。然而当这一切又成了习以为常的设计方式后，设计者又得寻找新的创新观念。书籍设计艺术就是在这种不断的更新中发展的。

第四章　书籍设计的材美与工巧

我国的书籍发展历史悠久，在两千多年的书籍发展历史演变中表现出多种多样的形态设计。现在的人们阅读已不再满足于对单纯文字的阅读，而是在书籍设计的材质及相关工艺方面也要有所创新和发展。

第一节　书籍印刷相关工艺

一、网点形态

在印刷工艺中，通过调整网点的大小来表现色彩的深浅，从而实现色调的过渡。网点大小是通过网点的覆盖率决定的，也称着墨率。一般用"成"作为衡量单位，比如10%覆盖率的网点就称为"一成网点"，覆盖率20%的网点称为"二成网点"。另外，覆盖率0%的网点称为"绝网"，覆盖率100%的网点称为"实地"。印刷品的阶调一般划分为三个层次：亮调、中间调、暗调。亮调部分的网点覆盖率为10%～30%左右；中间调部分的网点覆盖率为40%～60%左右；暗调部分则为70%～90%。

印刷中的网点形状以50%着墨率情况下网点所表现出的形状来划分，可以分为方形、圆形、菱形三种。方形网点在50%覆盖率下，成棋盘状，它的颗粒比较锐利，对于层次的表现能力很强，适合线条、图形和一些硬调图像的表现。圆形网点无论是在亮调还是在中间调的情况下，网点之间都是独立的，只有暗调的情况下才有部分相连，所以对于彩色层次的表现能力不佳，四色印刷中比较少采用。菱形网点综合了方形网点的硬调和圆形网点的柔调特性，色彩过渡自然，适合一般图像、照片的表现。

二、网点的线数

网线数的大小决定了图像的精细程度，类似于分辨率。常见的线数应用有：

10～120线：低品质印刷，远距离观看的海报、招贴等面积比较大的印刷品，一般使用新闻纸、胶版纸来印刷，有时也使用低克数的哑粉纸和铜版纸。150线：普通四色印刷一般都采用此精度，各类纸张都有。175～200线：精美画册、画报等，多数使用铜版纸印刷。250～300线：最高要求的画册，等等，多数用高级铜版纸和特种纸印刷。

网点是实现印品体现出版面层次不等、色阶调浓淡（明暗）分界自然的基本单位。它在印刷中起到决定印品颜色、层次和图像轮廓的作用。

所以，制版时只有网点大小准确，才能忠实再现原稿色彩，保证印刷工艺取得较好的效果。

三、专色设置

专色印刷是指采用黄、品红、青、黑四种标准色墨以外的专色油墨来再现原稿颜色的印刷工艺。专色油墨是指一种预先混合好的特定彩色油墨（或叫特殊的预混油墨），用来替代或补充印刷色（CMYK）油墨，如明亮的橙色、绿色、荧光色、金属金银色油墨等。专色可用于烫金版、凹凸版等，还可以用于局部光油版等，它不是靠CMYK四色混合出来的，每种专色在印刷时要求使用单独的印版。

设计师经常采用专色来印刷某种特定颜色。尽管在电脑屏幕上不能准确地显示该颜色，但通过标准颜色匹配系统的色卡，能看到该颜色在印刷中准确地表现，一般情况下印刷设计中所指的专色几乎都使用Pantone色。

Pantone公司是全球领先的色彩标准公司和色彩权威。这些配色系统如今已成为包括印刷、出版、包装、图像艺术、绘画艺术、电脑、电影、录像、纺织品和时装行业众多领域全球化的色彩交流标准。而Pantone凭借其书籍、软件、硬件和相关产品服务，现在已经成为世界知名的通用色彩标准和全球色彩语言。Pantone油墨有固定的色谱、色卡，用户需要某种Pantone颜色都可以找到相应代码。电脑设计软件几乎也都有Pantone色库，并使用它进行颜色定义。

四、烫金、银和漆工艺

烫金工艺的原理很简单，首先钢模被镶嵌在压印盘上并且加热，然后把金箔片置于钢模和要印刷的材料之间，当钢模压在金箔片上，热量释放使得颜色层从金箔片覆盖在最后的产品上，烫金过程就完成了。金箔片、纸张、钢模和颜料的选择是烫金、银工艺过程中的全部重要因素，金箔片并不局限于金、银，也可以是油漆。事实上，烫金箔可以大范围地从颜料、油漆和其他材料中获得。同样，烫电化铝也不单是金银，金银可以分为：亮光金银、哑光金银、镭射金银、香槟金等，也可以是黑金或者是黑漆、红漆、白漆、蓝漆、咖啡漆、珠光漆等。

五、模切与压痕工艺

模切工艺在印刷后道工序中最常用到，就是根据产品设计要求的图样，用钢刀组合模切版，在机械压力的作用下，将印刷品或其他板状材料轧切成所需形状。

模切版中使用的刀具称为钢刀或模切刀，刃口要非常锋利，根据所要加工材料厚度不同，钢刀高度和钢刀材料也不同，比如模切普通纸张，可以用软性材料钢刀，而厚纸板则需要硬性材料钢刀。

压痕工艺则是利用压线刀或钢线，通过机械压力的作用在板材上压出线痕，或利用滚线轮在板材上滚出槽痕，以便板材能按照预定位置进行弯折成型。

六、凹凸压印

凹凸工艺简单来说就是把纸张通过压力使之表面形成已经制定好的雕刻模型。凹凸压印的工艺技术和设备简单，制作单层次凹凸的印刷品并不困难，关键在于制作凹凸印版（钢模）。凹凸印版（钢模）有镁刻版、铜刻版、钢刻版和腐蚀版等，根据凹凸印版复杂程度、大小、深浅和角度不同，凹凸印版加工工艺的价格也有差别。

七、UV上光

UV上光是广为使用的上光方式，人们将UV上光工艺用于承印物上，以求突破传统的工艺设计。如今这项特殊的印刷工艺已经在商业印刷领域得到了广泛的应用。上光工艺在印刷品上留下一种如丝般的光泽，产生一种全新的质感。UV上光适用于表面光亮度较好的纸张，以及表面光滑度好，吸墨、吸油性又差的纸张，如铜版纸、铜版卡等。

八、书籍形态设计的"材美工巧"

书籍是人类传递思想的载体，是文化永恒的生命体。春秋末年的《考工记》说："天有时，地有气，材有美，工有巧，合此四者，然后可以为良。"书籍的工艺美感主要依托材料和印制工艺两大要素来实现，这也是书籍设计者必须正视的一个主要问题。

（一）书籍形态设计中材质语言的表达

考究的装帧材料是构成书籍美感的重要因素。对于设计者来说，恰当地选择材质，可以借助材质抽象的特征，丰富创作语言，并由此给读者以强烈的感受力。书籍设计者只有掌握了对书籍材质的正确选择，才能把看似单一的文字载体提升到艺术的高度，并赋予它丰富的内涵。比如牛皮纸具有质朴、厚实的特点，《天涯》杂志就采用牛皮纸做封面，并用两色印刷体现出朴实且具文化韵味的特征，很符合这种杂志的个性。又如，吕敬人先生在《马克思手稿影真》一书的设计中，通过纸张、木板、牛皮、金属以及印刷雕刻等工艺演绎出一本全新的书籍形态。尤其在封面不同质感的木板和皮带上雕出细腻的文字和图像，更是别出心裁。

（二）书籍形态设计中印制工艺的把握

在书籍设计实践中，设计与印刷工艺是密不可分的，因此在设计时应全方面考虑印刷工艺的各个环节的要求，使得设计更符合印刷工艺规律。目前随着科技的发展，书籍制作的工艺手段也是丰富多样，除各种一般印刷手段外，起凸、压凹、过UV、激光雕刻各种工艺纷呈，它们都有利于书籍的美感和个性化的表达。在图书的印刷工艺方面，现在使用的印刷方法主要分为凸版、平版、凹版三大类，此外还有网版印刷（丝网印），目前流行的"UV"工艺即属于网版印刷的一种。另外专项的压印与烫印工艺，常作为辅助性的印刷用于精品书的封面印刷当中。在书籍的印制工艺方面应注意这样几点。

1. 严谨掌控书籍规格的精准尺寸

书籍的外在形态是六个面的立方体，应在设计中根据不同的工艺合理计算尺寸。比如，同样印张的书，平装、简精、精装其封面设计的尺寸要求是不一样的，因为平装书一般只有封面、书脊、封底，而简精书和精装书比平装书多了勒口，精装书籍的护封尺寸因压凹、漂口又常常要在上下和前口处比精简封面各大了3毫米，同时书脊也要因纸板的厚度而加大。另外若封面与勒口底色不同时，封面、封底的底色应朝前、后勒口方向多做出3～5毫米以免造成前口露色。此外书籍的厚度也必须根据不同克度和种类的纸张进行严格的计算，以免造成误差影响成品质量。另外在设计时使书脊、封面、材底、色彩尽量一致就可避免这种问题的发生。

2. 正确选择书籍的印制材料

设计者在选纸时，应保证打样和印刷时对纸品纸质的采用上的统一，因为即使同一种类型同一厂商的纸品也会由于采用的原料及填料的差别而有差异，这种差别也会影响油墨的表现，如果打样时用铜版纸，而在印刷时采用胶版纸或特种纸，往往使印出的产品与样张的色相出现很大的偏差，甚至出现印不下去的情况。

我们在进行书籍的封面设计时往往喜欢使用漂亮的纸品，但应注意的是个别有凸凹感、立体感强的纸虽美观却不适合烫金、银工艺，因为这种立体感很强的花纹使得烫金字不实、发花。而另有一些纸品伸缩性较大，做精装书时经刷胶糊壳，晾干后，比原定的尺寸缩短了2~3mm，以至成节后漂口太小，这样也影响了精装书的美观程度，因此，合理选择材质的尺寸规格，是保证高质量成品的关键。

3. 精细把握书籍的装订工艺

书籍成品的质量与装订工艺是有密切关系的。目前，书籍装订的方法分为手工装订、半自动装订和使用联动机的全自动装订等。装订是书籍从配页至上封成型的整体作业过程，包括印刷好的书页按先后顺序整理、连接、结合、装背、上封面等工艺。书籍装订机械方法有很多种，不同的装订方法适用于不同的书籍。

4. 创新形态的书籍

我们也常称它们为"概念书"或"艺术书籍"。这类书籍是在传统规律的基础上以崭新的思维和表现形态体现对象的本质内涵，同时在艺术与功能的结合方面更倾向于艺术的创新性。

创新形态书籍的工艺特点，主要表现在它们的材质的新颖多样和独特的结合方式上，如塑料、蜡、油彩、纸张多种材料的混合运用。在这些书籍中，材料常常是富于触感的。

创新形态书籍注重装订方式的创新。目前，一些前卫的书籍设计者基于对书籍传统方式的研究，发展了依靠纸的折叠而非单纯胶订的装订方式，这些装订方式基于传统，但更加雕塑化、图形化，也更加地充实了人们视觉和触觉的感受。随着时代和科技的发展，相信会有更多新奇的材料和装帧方式被应用于书籍设计艺术中，延展出更多具有新概念的书籍形态来。

总之，无论多么好的图书创意，都需要通过材料与印制才能转换成物化形态的书籍。书籍设计者应充分注重对材料和印制工艺美感的研究和实践，适应现代观念，追求美感和功能的和谐完美。

第二节　书籍的材质与创新

一、书籍的材质

（一）材质的趣味性

1. 纸质

目前市场上95%的图书采用纸质材料印刷，纸质书籍有轻盈、颜色自然、表面细腻光滑、易于保存的特点。例如，孩子使用书籍时不会有意识地爱惜，要选择色彩表现力佳、安全结实、较厚的纸张，如铜版纸和胶版纸。但铜版纸的油墨吸收能力差，为了保护色彩不被磨损和增加封面的韧性，会在印刷后表面粘上一层专用塑料薄膜。设计师为了追求更好的艺术效果，选择特种纸做封面，使得书籍的价格有所增长。大部分普通纸质材料的书籍价格适中，一般的消费者是可以接受的。立体纸质书籍由于工艺复杂、色彩印刷质量高、包装精美，往往价格惊人。

2. 塑料

塑料由于重量轻，柔韧性好，很适合作为书籍封面的材料。不仅可以选择各种颜色，还能利用彩色油墨印刷、烫电化铝和压凹、凸等工艺手段在表面做出各种图案和花纹，艺术效果比纸张更好。由于塑料和纸质书难以结合，除作为精装书的活套书壳外，在一般书籍设计中应用很少。

3. 棉布

如今，儿童书籍装帧的织物材料中常常用到棉织布，由于棉织布质地柔和，韧性和牢固度超过纸张。设计师将它作为学龄前儿童的简单读物材料，可以避免儿童被锋利的书页边缘划伤、将书页撕下误食、被书籍棱角碰伤等状况，而且不需要贴塑料膜保护，可以回收并反复利用，更符合低碳环保的要求。由于材料昂贵、工艺复杂，价格比纸质书籍贵，很难大面积推广，只能少量设计使用。

（二）　材质的运用性

由于特种纸在材质、结构和性能上有别于普通纸，在印刷工艺方面会有所区别，应该注意以下几个方面。

1. 结构不同造成对油墨吸收能力的差异

不同类别的特种纸因材质和结构不同，对油墨吸收功能也不同。有些质地松软，油墨容易渗入，会造成印刷品干燥时间加长。由于所用特种纸的吸墨能力差异直接关系到印品的质量以及完成时间，因此在选择使用时应特别注意：如果印刷时间紧迫，选用的特种纸最好不要大范围使用，只是作为装饰页提升书籍美观效果，或者只对纸张简单加工，诸如起凸、压凹、烫印、UV 等简单工艺，就不会因此而耽误印刷时间。切忌在时间紧迫时使用不容易干燥的金属纸等类别纸张，干燥时间不够，既不能达到实际效果，反而弄巧成拙。对于易于吸收油墨、质地松软的特种纸，如果在使用较大面积的实底颜色时也应注意，由于印刷时油墨过于快速吸收，表面颜色偏灰、偏淡，严重的会出现白点，效果同样不能如愿。因此，使用前最好先打胶印样，确定无误后再使用。

2. 质地不同造成纸张表面平整度差异

由于造纸材料和工艺不同，特种纸的厚薄不一、软硬也不同，有的还有纹路、水印标识等，纸张表面平整度差异很大。若纸张表面略粗糙但其纹理脉络清晰、手感好的，建议专色印刷或丝印，少用四色印刷，利用纸张特殊结构、纹理，能充分展现特质，达到理想的效果。也可以采用一些简单的表面工艺技巧，如起凸、UV固化油墨、烫印等，就能锦上添花。这类纸张印刷时，墨层要厚，色彩要浓，视觉效果会更好。

3. 特种纸张印刷设计颜色管理问题

有的特种纸印刷品颜色不够鲜艳、饱和度也不够；图像有时很清淡，有时稍微沉闷、灰调；有的色彩还原差，甚至偏色严重。对这些问题，平面设计师在对印刷品稿件进行策划和设计，以及选择纸张时必须心里有数。特种纸因其价格比普通纸张昂贵，因此，如何用好特种纸，进行有效的色彩和工艺管理是关键所在。

4. 特殊材料的运用促进书籍的形态

材料化是现代书籍设计的显著特点。今天书籍设计的材质不再只局限于纸张，还有纤维纺织品、皮革、木材、塑料、玻璃等。各种材质的肌理、色彩、质感散发着不同的艺术气息。这些特殊材料的运用将赋予书籍一种特有的气质，它们在书籍设计中起着三方面的作用。

（1）特殊材料的运用增强了读者阅读时的新鲜感

材质不同质感也就不同，质感多指某物品的材质和质量给人的感受，是视觉或触觉对不同物态特质的感觉。生活中大部分读者对传统纸质书籍已经产生厌倦感，当新的材质图书出现在眼前时，他们首先会被材质的美感所吸引，增加阅读的新奇感，同时促进销售。

（2）书籍的材质不同功能不同

针对不同年龄段的读者，在书籍材料的选择上应该有所区别。成年人的书籍采用纸质材料没问题，但是儿童书籍应该在此基础上进行创新和改进。例如幼儿是儿童的早期阶段，这个时期的孩子在看书的过程中喜欢撕扯书页，对页面的信息量要求是次要的，而安全性则是主要问题，所以布面材料成为这类书籍的较好选择。书籍可以采用各种颜色的布组成，里面的插画可以做成半立体的生动形象。布质地柔软而舒适，耐撕扯性和安全性高，是儿童书籍材质的较好选择。针对不同读者的书籍，选择不同材质是设计师人文关怀的直接体现。

（3）特殊材质的书籍能令人感受不同的意境

例如关于佛教文化类的书籍可以适当选择木质材料，这样可以更好地诠释佛教意境，而在古典名著《诗经》中采用木质材料则可以传递古香古色的文学气息。书籍的形式从属于书籍的内容，但不能完全真实地展现内容，想在有限的画面上表达整本书的思想难以做到，因为它受到一定空间的限制，书籍装帧设计的难度也就在于此，但以准确的材质表现、诠释深刻的内涵，却是今天的设计师可以做到的。

二、书籍设计的创新

（一）书籍设计的材料创新

1.纸类材料的创新

近年来，特种纸张迅猛发展，出现了各种不同质感、肌理、色彩的纸，特殊纸张是指具有特殊用途的、产量比较小的纸张。特种纸的种类繁多，主要有手揉纸（效果如同将纸揉皱）、云龙纸（效果如丝绸）、云彩纸（犹如云彩般的暗纹）、彩烙纸（表面有丝丝白色纤维）等，另外还有硫酸纸、铝箔纸、全息纸、丽芙、超感、热熔、岩纹、云纹、卡昆、纤维纸、植绒纸等。由于特殊纸张表面大多有特殊的纹理，大部分特种纸本身带有色彩，所以，设计者要根据需求谨慎选择，在应用时要考虑到特殊纸张的各个因素，熟悉特种纸的性能，根据其不同特性，并结合特种印刷工艺，这样才会把特殊纸张的个性表现得完美无缺，做成的书籍也会呈现出不同的感受。

2.非纸类材料的创新

书籍设计的发展史是一部材料与制作工艺的演变史。现代书籍设计中，不同的材料会给人以不同的视觉和触觉感受，每种材料都有其自身的特点，只有掌握了材料的性能特点，才能通过材料展现出书籍设计的内涵。自然界存在着无数种可用材料，这些材料有着不同的特性，设计者开发出了更多元化的书籍设计材料，使书籍设计不再仅局限在纸质材料上，更多不同的材料开始应用于书籍的装帧设计之中，出现了一些皮革、麻布、金属、木材、织物等材料的综合应用。

新材料及传统材料的正确使用，为书籍设计开拓了更为广阔的空间。这些新材料带来的强烈视觉冲击力，为现代的书籍设计提供了多样化的空间。例如，大量的纤维织物材料开始作为纸张的补充而被创造性的应用。纤维织物包括稠密的棉、麻、绢、布、人造纤维，也包括光滑的天鹅绒、涤纶等。这些材料原本不是为制作书籍发明的，但可为书籍的设计所利用。可见熟练地掌握各种材料的特性，将其有机地结合起来，并加以应用，也能给书籍带来多样的视觉效果。

书籍材料作为传达设计内容信息的一种手段，在书籍设计中，应强调运用材料思维，材料的选择必须在书籍整体设计的要求之下根据具体内容而定。合理选择、利用材料，通过印刷、装订等加工过程，使之成为完整的书籍，如此才能真正体现出材料的应用价值，为书籍设计的创新提供更多可能性。不同的材料组合在一起，可丰富书籍的视觉效果，给读者带来不同的阅读感受。

吕敬人在《书艺问道》中谈道:"纸张中纤维经过搓揉、磨压,具有耐用结实的美感与实用功能,书籍用纸具有不可思议的文化韵味;纸张的魅力在于其内在的表现力,千丝万缕的植物茎根层层叠叠,压在不到毫米厚的平面之内,展现既丰富又含而不露的微妙表情,此时的纸张语言则是无声胜有声;纸张的魅力还体现在力与美的交融,珍藏几百年的古籍、古书画仍在散发着原作墨迹、彩绘的光彩,为后人尽情观赏。"

书籍设计的繁荣与多元化及印刷工艺的不断进步有着密不可分的关系。在当代,书籍承印材料愈益丰富,印刷技术日新月异,不仅为专业设计师制作出更多更精美的书籍提供了技术上的可能性,同时也促使书籍设计者扩展设计思路,把实用、经济及审美有机地联系起来,为当代书籍的艺术表现竭尽所能。

(二) 书籍设计的形态创新

新的媒介包括数字化媒介和电脑网络媒介。数字化媒介包括桌面上的个人计算机、手持数字设备、专业阅览器等媒介。其中以专业的电子书籍阅览器最为常用。电子书籍阅览器是一种采用LCD、电子纸为显示屏幕的新式数字阅读器,可以阅读网上绝大部分格式的电子书,例如PDF、CHM和TXT。不过现在的电子阅览器越来越多的采用的是电子纸技术,提供类似于纸张阅读感受的电子阅读产品。

电脑网络媒介是人们信息交流使用的工具,是一个新兴的媒介工具,其功能越来越多,内容也越来越丰富。网络媒介可以实现信息资源的共享,会借助文字阅读、图片查看、影音播放、游戏聊天等软件工具从文字、图片、声音、视频等方面给人们带来极其丰富和美好的使用及视觉享受。

新的数字化媒介和电脑媒介对人们生活的渗透和嵌入意味着读图时代的来临。现在国内很多纸质媒介也在探索、转型,寻找新的发展道路。新兴媒介不同于纸质媒介,有着许多无法取代的优点。电子阅览器方体积较小,方便携带,储存量大,可以同时储存成千上万的书籍、资料、信息,使学习知识、检索信息更加方便。但是也有一定的缺点,比如价格比传统书贵;LCD屏幕由于不断刷新会造成眼睛疲劳。因此,纸质媒介与现代技术的结合,将成为新媒介及传统媒介下一步发展的新方向。

(三) 新型书籍的产生

我们习惯了互联网的即时通信,早就忘记了曾经的"鸿雁传书""笔墨传情"。与之相似的情形则是,当我们兴趣盎然地陶醉于电子书时,会偶然发现已经很久没翻书了;我们总是期待着电子书的更新,却很少关注书店又有什么新书上架……这种悄然无声的改变,正引领着书籍设计的新发展。随着科技的进步,新兴媒介的兴起,书籍设计正由于人们生活方式的改变在进行新的变革。

1. 电子书籍的发展

"纸"与"书"被公认为是天造地设的最佳组合。然而随着电子技术的发展，《电脑书籍》正以其独有的优势跻身于未来的书籍设计领域中。电脑书籍就是我们常说的"光盘"。光盘体积小、容量大，发行和存放上都具有很大的优势，加之电子多媒体技术的发展，电子书籍可以让读者领略除了文字以外的声音以及影像效果，这种书籍形式与传统的纸质书籍相比更富有冲击力。

电脑书籍能发挥文字所不能达到的效果，例如当书籍设计受到成本控制需要黑白印刷时，光盘就可以弥补黑白印刷对图片的表现；又例如软件教程，文字的描述远远逊色于案例的操作及视频教学，而这些三位一体的效果只能通过多媒体技术得以实现。虽然通过电脑长时间阅读容易造成视觉疲劳，但从电脑技术的发展来看，现代书籍的设计与光盘（电脑书籍）在取长补短中共同进步。我们现代的很多书籍设计已经自觉地加入了电脑书籍，因此我们常常会在封面上看到"附带光盘"这样的文字。

提到电脑与书籍，不得不提到"电子书"。新兴的电子书对现代书籍造成了巨大的影响。首先是版式设计上的借鉴，电子书尤其是电子杂志灵活、生动的内页弥补了传统书籍较为僵化的视觉形式。其次是由于电子书鲜亮的色彩和借助电脑显示对材质和肌理等效果的表现，使得更多新材料及新技术应用到现代书籍设计中来，例如可随着温度的变化产生反应的液晶油墨、发出香味的香味油墨、能再现材质光泽和颜色的珠光油墨等。这些变化使书籍设计走进一个新的领域。

新兴媒介下的电子书籍虽然颠覆着人们对传统书籍的认识，新的书籍形态虽然对传统书籍设计有所挑战，但也是对书籍设计的新的拓展。在信息时代，电子书籍设计与传统书籍设计发生着良好的互动，共同繁荣着我们的文化阅读。

2. 概念书籍的引导

概念书设计是书籍设计中的一种探索性行为，以概念为设计切入点，启发积极的创新性思想，突破思维习惯。因此，从表现形式上，概念书籍的设计提供了多元化的方法，为未来书籍的设计提供了一个方向。

概念书籍设计是现代人对书籍设计提出的一种新的设计观念，概念书籍的出现是对未来书籍装帧设计的一种探索。概念书籍是指设计书籍时采用一些概念型的材料、工艺、形式等进行创作，使书籍的外观及所表达的含义更有深意。概念书强调视觉艺术，目的是启发积极的创新性思想及思维意识。概念书的设计不是凭空产生的，它是伴随着现代设计而产生的，是书籍装帧设计的新形态，能激发设计师更加努力地探索书籍艺术形态和结构形式美，使书籍装帧设计保持创新的特征。

概念书籍的特征主要表现在材料工艺、外部形态及表现技法三个方面。概念书所能使用的材质新颖、独特、多样，任何和主题概念相关的材料都可以应用到书籍装帧设计上。因此概念书籍是被视觉化的作品，其材料、结构就是它的内容。阅读这类视觉性的概念书籍能唤起读者对材料、结构的感知力。

概念书的外部形态不同于传统书籍，外部形态的创新、突破是概念书籍最典型的特征。概念书的外观形态往往打破传统书籍的六面体形态，圆形、多边形、立体形态可以在视觉上带来新鲜感，增加趣味性。

"概念书"是一种基于传统书籍，寻求表现书籍内容可能性的另一种新形态的书籍形式。概念书籍的设计打破司空见惯的传统书籍形态，创造出与众不同的新的书籍设计方式。目前在我国，概念书籍的设计还局限于各高等院校的探索性教学及教学实验。国外的概念书设计已经摆脱了书籍的传统模式，设计师以独特的思路和创造性来传达文字的思想内涵，并体现着书籍的强烈个性。

卡夫卡曾说过："艺术家试图给人以另一副眼光，以便通过这种办法改变现实。"概念书籍设计正是艺术家试图展现给我们的另一种眼光。

受概念书籍设计的引导，国内许多设计师也跨出了以感性的概念进行设计创作的脚步。

例如，在德国莱比锡"2007年度世界最美的书"评选中荣获铜奖的中国书籍《不裁》装帧非常特别，书页下切口是锯齿形的毛边，书的内环衬页"挖"出一枚长长的刀形纸片，既可当书签，也可撕下作裁纸刀。这片纸做的刀是用来裁开书页的，因为该书的插页是需要自己裁开才可以阅读的。用设计者自己的话说"裁开牛皮纸印刷的对折页，就像推开一扇门。"这种边裁边看的设计，符合毛边书"原生态"的风格。

在我国目前的书籍流通中，概念书尚未正式登堂入室。但概念书的设计非常具有现实意义，如同T型台上的服装设计，虽然不可能在当下盛行，成为入手一件的成衣，但它们是引领未来时尚的风尚标。概念书籍的设计也是如此地引导着现代书籍设计的发展。

第三节　书籍装订的艺术

装订是把零散书页或纸张加工成册，一般包括折页、订本、包封和裁切等过程，是将印张加工成册的工艺的总称。装订质量优劣直接影响书籍的阅读和保存，装订周期的长短是书籍印刷成册周期的主要时间因素。平装书从配页、折页、锁线、裁切基本实现机械化作业，而精装书和线装书籍还需要机械和手工结合完成。

装订工艺依装订方法和形式的不同，分为平装、精装和线装三大类（也有把平装中的骑马订装单独列作一类的）。订本方法有骑马订、锁线订、无线胶粘订、锁线胶背订和塑线烫订等。

一、书籍装订形式

（一）平装书

平装又称"简装"，是一种常用书籍装帧形式。平装书有封面、封底、书脊、扉页以及印有正文、图像、图表的所有版面。平装书不包硬质书壳，封面通常四色印刷覆膜或者特种纸与工艺结合，大多封面加勒口增强书籍的保护和翻阅舒适度，有些书籍加护封或者腰封，印有书籍的名称、内容介绍和阅读提示等。

（二）精装书

精装指书籍的一种精致制作方法，大多以机械与手工裱糊和特殊工艺结合，主要是在书的封面和书芯的脊背进行特殊加工。精装书的制作方法和形式多种多样，现代印刷材料和工艺也被充分利用。封面加工工艺可分整面、接面、方圆角、烫印、模切、丝印、UV等。材料选择以抗磨损、强度高，视觉与触觉更人性化的材料为主。精装工艺是一种用单机和手工制作结合的工艺流程。其流程共分三部分，即书芯工艺、书封工艺和书盒工艺（盒套工艺）。

（三）线装书

线装，顾名思义是用线进行装订，是用线把书页连封面装订成册，订线露在外边的装订形式。北宋末期，线装书刚出现，到清代，线装书已成为独具民族气派的"国装"了。线装书更吸引人的恐怕是它承载了众多的中国传统文化，它本身就成了一种意象。线装是中国书籍装订形式发展史的一个阶段，是最接近现代意义的平装书的一个装订形式。线装工艺是将若干折页的前后加放两张书皮，用锥子穿小孔，再用棉线或丝线装订成册，常见的是四孔订法，也有六孔订法、八孔订法和异形孔订法。

二、书籍装订方法

（一）骑马订

骑马钉装订是最常见的一种装订形式，是将印好的书页连同封面，在折页的中间用铁丝订牢的方法，适用于页数不多的杂志和小册子，是书籍装订中最简单方便的一种形式。其优点是简便，加工速度快，订合处不占有效版面空间，书页翻开时能摊平。其缺点是书籍牢固度较低，且不能订合页数较多的书，且书页必须配对成双数才行。

（二）锁线订

锁线装订是指不用纤维线或铁丝订合书页，而用胶水科黏合书页的订合形式。将经折页、配贴成册的书心，用不同手段加工，将书籍折缝割开或打毛，施胶将书页粘牢，再包上封面。其与传统的包背装非常相似。其优点是方法简单，书页也能摊平，外观坚挺，翻阅方便，成本较低。其缺点是牢固度稍差，时间长了，乳胶会老化使书页散落。

（三）无线胶粘订

无线胶装装订又称胶装装订，是一种使用非常广泛的装订方式。无线胶装装订是将折页、配贴成册后的书心，按前后顺序码整齐，订口在上胶之前要进行切割、打磨，然后用一种特制的黏合剂进行黏合，这种黏合剂韧性好、强度高，可以将每一页纸粘牢。上胶后再包以封面，最后对粘好的书籍进行裁切。其优点是既牢固又易摊平，适用于较厚的书籍或精装书。与平订相比，书的外形无订迹，且书页无论多少都能在翻开时摊平，是理想的装订形式。其缺点是成本偏高，且书页也必须成双数才能对折订线。

（四）塑料线烫订

塑料线烫订是一种介于无线胶订与锁线订之间的书页订合方式，它集无线胶订的低成本和锁线订的高品质于一体，是近年来装订新技术。塑料线烫订技术诞生于20世纪60年代的德国，于20世纪70年代中期由德国引入我国，但由于当时塑料线烫订材料热熔线的缺乏，并没有将该技术推广使用。

（五）环订

环订的主要方式是金属环订，又称之为金属螺旋线环订。另外，还有双线环订和塑胶环订。

1. 金属环订。金属环订是将金属螺旋铁丝圈卷成螺旋状，再穿入已经打好的装订孔中，在制作时，先将金属丝制成螺旋线圈，然后将螺旋线圈依次转入打好的孔中，最后将线圈的两端折弯，这样就完成了整个装订过程。

2. 双线环订。双线环订的装订材料用的是双线铁丝环，将其加工成型穿入已经打好的孔中就可以了。

3. 塑胶环订。塑胶环订与双线环订的装订方法一样，唯一不同的地方就是装订材质不同，塑胶环订用的是塑胶环，不是铁丝环。

环订有一个明显的优点就是可以将整页书完全平铺展开，方便翻阅。但要注意的是，在设计这种装订方式的书籍时，设计师要处理好跨页图片，避免图片与线圈订口处发生冲突而影响版面的美观。

（六）加式装订

加式装订，全称为加拿大式装订，其特点就是在环订活页外面包裹了一张封面纸，形成了书脊面。加式装订包括全加式和半加式两种，两者只在书脊上有所差异。

1. 全加式。利用书脊与封面两位一体，将里面的铁丝圈包裹起来。

2. 半加式。半加式与全加式不同的是，在一面封面上压出了一排小孔，这样金属线圈就露出了一半，这就是半加式环订。

（七）特殊装订

随着科技的进步，我们有时也利用其他工艺技术与材料进行书籍装订。

1. Z字装订。Z字装订是一种非常特别的装订方式，书籍的正面与背面分成两部分，且每个部分都相对独立。

2. 折页装订。折页装订是一种特殊的装订方式。一般的书籍都要对页面进行裁切与订合，而折页装订只通过纸张的折叠装订成册，它是利用出版物页面互相平行的原理形成的装订方法。

3. 开背装订。开背装订指书脊部分裸露在外面，我们可以看到书籍锁线的结构，这种装订方式越来越为书籍设计师们所推崇。

4. 夹子装订。夹子装订是指用夹子等办公用品来装订书籍。

三、中国传统书籍装订方法

（一）简牍装

简牍装订是书籍装订发展的一个雏形，现代书籍装订已不再运用此种方法，因其材料局限、阅读困难，当前不会以书籍形态出现，只有在相关工艺品中偶尔出现。

（二）卷轴装

卷轴装由卷、轴、标、带四个主要部分组成。卷轴的装帧形式，始于周朝，盛于隋唐，并一直沿用至今。现在的许多卷轴式的书画装裱跟古代的卷轴装书是一脉相承的。

（三）经折装

经折装是先将一幅长条书页，按一定的宽度，一正一反折叠成长方形，再用较厚的纸粘贴首尾两页做书皮，通常也称为折子装。这种形式始于唐朝末年。经折装完全改变了卷轴装翻阅的方式，这样的方式，更有利于书册的存放和收藏。

第五章　书籍形态的设计要素

书籍设计，其形态可比喻为建筑的"六面体"。从外观看，它是由封面、封底、书脊、封头、封脚、封侧六个面的元素所组成，通过翻阅，封面、环衬、扉页，正文显现在人们面前。这种由外入内不断行进的过程，犹如在游览中国式的园林，首先进入园门，逐步往里走，曲径通幽，最后进入正殿。在进入正殿的过程中，又透过插图这扇窗户，看到文字中所叙述的内容，其中文字通过有意识的编排，又产生了不同的韵律变化。

从封面到封底，从外入内，随着人的视觉流动，看到的每一页都是经过设计者精心设计的，只有通过设计才能给人以美的感受。书籍设计的内容包括封面、环衬、扉页、目录、版权页、页码、书眉、正文版式、插图等，其中封面、扉页、插图、版式是其中的四大主体设计要素。过去许多人把"书籍装帧艺术"误解为仅指封面设计和扉页、环衬的设计，至多再把插图包括在内，这种理解虽然有点片面，至少也说明了封面等在书籍设计中占有突出的地位。封面是书籍的门面，它是通过艺术形象的形式来反映书籍的内容。在琳琅满目的书海中，封面起了无声的推销员的作用，它的好坏直接影响人们的购买欲。书店中，人们往往将那些印刷精美、封面设计独特的书籍摆在最显眼、最安全的地方，生怕哪本书从书架上不小心掉落下来摔坏了书脊或折了书页。

第一节　书籍各部位及作用

书籍设计由诸多元素组成，它们各有自己的特征及要求，为了便于区别，下面逐一进行介绍。

一、开本设计

　　书籍的开本，指的是幅面的大小。其计算方法是：把整张纸对折裁切为两个半张时，称"对开"；再把半张纸对折裁切为两半时，称"四开"，照此继续对折裁切，即可成为8开、16开、32开、64开等。此外，还有不是按2的几何级数来裁切的，有12开、18开、21开、23开、25开、27开、28开、36开、44开、56开、60开等。纸张的尺幅品种主要有两种，凡是大尺幅纸张裁切的，习惯冠以大字，如大16开、大32开等，用以区别用小尺幅纸张裁切的同样开本。

　　线装书以前的书籍开本，形式比较多，以经折装佛经内容的书籍为例，开本中有21.4厘米×5.4厘米（宋刊本），有29.7厘米×11.3厘米（蒙古定宗刊本），有34.6厘米×14厘米（西夏刊本），有67.8厘米×25厘米（元刊本）。规格大小虽然有别，而长宽比例大致在10：4或10：3.7之间，比较狭长。

　　再如，明代巨帙《永乐大典》共11095册，每册长56.1厘米、宽33厘米，长宽比例为10：5.9。经厂本通常为长39.6厘米、宽26.4厘米左右，长宽比例为10：6.7。内府写本中的《玉牒》为特大册书，每册长1米，宽49.5厘米，长宽比例为10：5。

　　以上举例中的开本，虽然绝大多数为窄长形，但一些特殊的书籍如画谱、舆图、碑帖、尺牍等，为适应画面特殊的要求，开本采用近方形或横长方形。除了特大形的开本外，一般书籍的大小和比例都兼顾手持的方便和阅读的舒适。

　　书籍的开本形态本身就决定了书的基本面貌，开本形态的设计，本身就是产生书籍美感的重要环节。无论是国家规定的标准开本还是别具风格的异形开本，都是以精确的长度与宽度的"数"来表达书籍长与宽的比例，开本与"数"是密切相连的，精确的"数"规定的长宽不同的尺寸所形成的比例，在对比与和谐中营造了不同开本的别样风采，形成了各种不同开本的个性之美。

　　在开本的选择方面，不同规格的开本往往给读者造成不同的心理感受。方形开本与窄长形开本的形态特点所具有的形态意味也大不相同，开本的选择，往往是设计者将自己对书籍内容的理解物化为书籍形态的重要手段之一。德国美学家马克斯·丁·弗里德兰德说："艺术是一种心灵的产物，因此可以说任何有关艺术的科学研究必然是心理学上的，它虽然可能涉及其他方面的东西，但心理学却是它首先涉及的。"因此，研究各种开本对人们造成的心理影响以及书籍内容对开本的适应性，是书籍设计者应该特别关注的。

　　在书籍开本的选择方面，一般应遵循以下规则：其一，根据书籍不同的性质与内容来决定书籍开本的形式，如政治、文化、少儿等类别不同的书。所采用的开本应有所不同；其二，根据不同读者对象的年龄特点、视力条件、心理特征、经济条件及生活习惯来设计书籍的开本形态，使得书籍能更好地适应读者的需要；其三，根据书籍不同的稿本字数来决定书籍的开本形态，字数多与字数少的书所选择的开本应有所不同，例如字数多的书稿，用小开本有笨重的感觉，应以大开本为宜。开本的大小及形态虽然是具有一定尺寸规格的，但它给读者的印象是深刻的，因此应根据书籍的性质、内容及不同读者对象加以仔细斟酌，从而予以选择。

二、书套设计

书套又称"函套""书函""书壳""书盒""书帙""书衣"等，是装成套书或古籍书外面的壳子。书套一般用厚纸板裱以布（也有用绫锦或塑料薄膜者），随书的大小、厚薄而制。书套的形式有两种：一种是四面包裹，露出书的上下口，称半包式；另一种是将书的六面全部包裹，称为全包式。除厚纸布面书套外，还有夹板和木匣两种外包装，夹板式是用两片与书同大小的木板，夹于书的上下，再用布带捆牢。木匣则是按一部书的大小，制成木匣，将书装入。书套有装饰的，也有不装饰的。装饰有局部的，也有全面的；有印刷的，也有粘贴的。书套设计的目的是用以保护书籍，便于携带。

三、护封设计

护封也叫"封套""包封""护书纸""护封纸"等，是包在封面、封底的另一张外封面，有保护封面和装饰的作用，它既能增强书籍的艺术感，又能使书籍免受污损。护封多用于精装书，一般采用质量较高的纸张，印有书名和装饰性的图形，有勒口。

护封的作用是保护封面，也就是保护书籍的脸面和外衣。护封的另一个作用便是宣传，也就是起到小型广告的作用。关于护封的作用，德国设计家汉斯·彼得·维尔堡在《发展中的书籍艺术》一书中写道："书籍护封像封面或者扉页一样是书籍的一部分，或者是一种独立的甚至是与书籍没有联系的要素。它在一定程度上有责任为它的书籍做广告宣传，或者应当适应书籍的内部？关于这方面，书籍艺术专家直到今天还有争论。一个说，包在书籍外面的护封是一种广告招贴画的形式，应当不考虑形式上的规定销售出去。另一个说，一本书必须从里面向外面设计，要求形式上的设计协调一致。双方都拿出证明自己的看法是正确的充分理由、好的榜样和好的例子。……这两种观点没有必要互相对立，一张护封设计完全有可能做到在广告上是起作用的，在风格上与整个书籍也是适应的。整个一代的书籍装帧家做到了书籍内部和外部的统一，就证明了这一点。"

在通常情况下，书籍在运输的过程中，是用纸包裹好了的，以免在途中遇到脏物而受到损害。但到了书店之后，保护书籍的是护封。我们可以想象，读者在书店里好奇地拿起一本书，翻阅书的内部，但大多数的读者仍把它放回去，继续选择他需要的书籍。这样一来，一本书往往要经过许多只手的翻阅以后才卖出去，必然会受到一些损害，而护封被弄脏或破损之后还可以换上一张新的。此外，摆在橱窗里的书籍，由于光线和日光的照射，容易褪色和卷曲变形，那么护封就能减轻这种受损的情况。

德国书籍设计家埃姆克教授说："一百多年来在法国流行的平装体，外面有一张卷裹起来的黄色纸张，这就是护封的起源。"现在人们能见到的最早的护封当是15世纪末的作品，作者是德国人耶尔格·沙普夫。1949年在英国伦敦维多利亚和阿伯特博物馆举办了一次"书籍外衣艺"的国际书籍护封展览。发起人是英国的查尔斯·罗斯纳，后来又出版一本《书籍护封艺术》的书，这可能是第一本关于护封的专业书籍，为以后的护封设计与发展打下基础。

近代的第一张护封是1833年出版的《石南丛林纪念物》，采用了在米黄纸张上印红色书名的护封，在后封上还印有这家出版社其他书籍的广告。现在人们在设计护封时，为了不让护封破损，使它比封面短1毫米。也有高度与封面相等的，它包裹住封面的前封、书脊和后封，并在两边各有一个5至10厘米的向里折进的勒口。护封的纸张应选用质地好、不易撕裂的纸张。

护封上要出现的文字有书名、作者（译者）名、出版社名等，也有设计介绍书籍内容的。由于现在的书多为插架销售，在书脊的设计上要注意突出。有些书在护封以外再加上一条5至10厘米左右的腰带（封腰），腰带上印有内容或作者介绍。

有些精装书在护封之外再加上一开口的书套，五面订合，一面开口，当书籍装入时正好露出书脊。书套有装饰的，也有只印书名的，有印刷的，也有粘贴的。在护封的设计上，文学类的书籍一般以插图和文字组合为主，因为人们对插图的理解要比对文字的理解容易得多。专业类书籍、科学类书籍、科普读物类书籍等，护封设计往往选用摄影图片、插图或绘画作品，这样更直观，广告效果更好。

由于护封起着保护书籍不被损坏的作用，同时也起着保护书籍洁净的作用，所以不适宜用白色，因为白色容易弄脏。如果有大面积白色时，也要通过压膜等处理来加以保护。

四、封面设计

封面也称"书面""封皮""封一""前封面"等，专指书平放时的正面部分，要安排书名、作者姓名、出版社名，以及反映图书内容的图片与文字等。现在设计封面时，一般连同书脊、封底、勒口等同时设计完成。封面设计是一门充满魅力与挑战的工作，它蕴藏着种种不确定性与无限想象的可能，它多了些人文性质的思考与个人设计风格的展现机会，封面设计者通常被界定在一个既成的、固定的版面中，追求的是一种介于创作与商业之间的设计艺术。

带有护封的书籍，封面设计可相对简单一些。由于材料的不同，设计上也大有区别。如采用全布面、全皮面精装，可用压印或烫金、烫银的方法处理文字、图形等；如果是纸质的材料，则采用印刷的方法处理，也可以用烫压的方法处理。精装书的封面不论是用皮革、织物或纸张，它的里面都包有纸板，而且纸张在上下及切口三面都大于版心2至3毫米，用以保护正文。

现在对封面的设计不仅仅是简单的"包书皮"，人们已经认识到设计的重要性，认识到它是一种特殊的商品。既然是商品，就得卖出去，就得在琳琅满目的书架上脱颖而出，就得主动出去找消费者。"酒香不怕巷子深"的旧观念也得在商业的大潮中改一改。现在很少有人将书看完后再决定是否购买，有些人是看封面的精美和印制的精良而决定购买的。因此，新颖的创意是设计的根本。好的封面必须与书籍内容紧密相连，并巧妙运用文字、图形、色彩体现书的内涵，体现书的整体风格。

当我们走进书店时，不难发现有制作精关的图书，无论设计、材料、制作等都紧扣书籍的内容。但也有一些一味往封面上堆砌"印刷特技"，有时一个封面上就有几种印刷效果。效果越多成本越高的道理大家都懂，但采用之后的结果便是给读者增加购买负担，使书的成本大大提高。因此，封面的设计应把握住设计原则：即遵循形式美的原则，充分体现书籍内涵，其设计应与读者互动、交融。

封面设计应根据书籍内容进行有针对性的构思，不能千篇一律。它不是个人作品的展示，风格不能太统一，太统一便没有区别，也没有特点。记得有位设计师说过"没有风格就是最好的风格"，这话说得很有道理。

纯专业理论性的书籍，封面设计宜严肃、简洁、大方，一般不作特殊美化处理，以文字和简单的装饰线框为主。工具书一类的应用型书籍，由于内容丰富，读者面广，封面设计不宜过于迎合潮流或太个性化。文学名著、历史、哲学、人文等社科书籍，由于供收藏、阅读等，封面设计以庄重典雅为主，可适当穿插一些图形，图形不宜太大，太大反而感觉呆板。小说、诗歌、散文等文学作品（包括生活类的读物），由于时效性强，读者面广等特点，封面设计应采取多样化的手段进行设计，创作空间很大。例如书的名字可以设计成创意字体，以代替呆板的标准字体；构图可以是不规则的；图形可以采用电脑处理使其具有特殊的效果；色彩可以采用强对比或柔和的色调等，力求吸引读者的注意力。儿童读物设计应体现出儿童的天真、活泼，一般不宜设计成方方正正、规规矩矩的样子。或在开本上下功夫，或在色彩上下功夫，或在图形上下功夫，均能取得好的效果。老年人的读物，应设计得沉稳温和，不要起伏太大，以免使老人在心理上承受不了。

另外，杂志是特殊的书籍，"杂"是多种多样的意思，"志"则指文字记事或记载的文字。"杂志"即登载着作者的文章或作品的出版物。杂志的英文是Maga-zine或Journal，有仓库的意思。另外，杂志又叫"期刊"，装订形式为平装。

杂志的封面设计，一般具有连续性。如《读者》《青年文摘》《作品》《装饰》《现代家庭》等。在设计时主要考虑杂志的名称以及与名称相呼应的图案装饰等。另外还有主办单位、年号、月份、期数等，也有将条形码印在封面上的。杂志，不论是月刊、半月刊、双月刊、季刊等，都有一定的时间性，时间性决定了刊物的连续性与统一性。月刊，一年12期，这12期要有一个共同的、连续性的特点。即使每月换一个底色，或改变刊名的位置，但仍要有一个贯穿于各期的整体标识，如或用字体相同的杂志名称，或用一种构图布局，在统一中求得各期之间的变化。有些大型杂志，其封面的构图、纹样均不改变，每期只更换色调，这也是一种设计风格。

市面上受欢迎的图书，不外乎两点：一是内容受欢迎，二是外观精美受欢迎。书籍的畅销与滞销，其原因是多方面的，销量不多的书籍不一定不是好书，它要受到书本身的内容、读者范围、销售方式等因素的影响。因此，"封面广告宣传作用应该包括对于书籍实际内容的传达和对书籍这种商品的广告宣传"。

由于封面是书籍的门面，它是通过艺术形象设计的形式来反映书籍的内容，它的好坏直接影响着销售。因此，封面设计的三元素，即图形、文字、色彩是每个设计者都要认真研究的课题。一本书的问世，封面设计者大致上和作者有着同样喜忧参半的心情，等待新书在市场上接受现实的评比、赞叹或者鄙视。

（一）封面设计的形

封面的形主要指外形和内形（文字、图形等）。

封面的外形除少数特殊设计外，一般呈长方形或方形，这是由书籍的开本决定的。有时为了设计的需要，在纸张允许的范围内可以调整长宽比例，以改变通常的形状。封面内容形指文字及图形等。有时一本书的书名可用几种不同字体构成，但应以其中一种字体为主。文字除了具有说明的功能，还具有图形的功能。

（二）封面设计的字

一本书的封面，可以没有图形，但不能没有文字。文字既具有语言意义，同时又是抽象的图形符号，它是点、线、面设计的综合体。如一个字可以看成一个点，一行字可以看成一条线，一段文字可以看成一个面等。另外，字体的形式、大小、疏密和编排设计等方面，传达给人们的本身就是一种充满韵律美的享受，这种享受是在具有感情设计的基础上产生的。好的封面设计，其字体的设计与运用应做到繁而不乱，有主有次，层次分明，简而不空。哪怕是一个笔画、一个字、一行字，都要具有一定的设计视觉暗示或引导思想。

（三）封面设计的色

封面色彩的选择是十分重要的，因为读者进入书店浏览图书时，首先映入眼帘的便是色彩。色彩中红、黄、蓝、灰、黑、金、银等各种不同的色彩，构成了书籍封面的五彩缤纷的世界。例如用灰色作为背景色，可以衬托出艳丽的文字、图形，既协调又显亮丽；纯度高的色彩排列在一起，特别刺激和活跃；和谐统一的色调，让人感到温馨、安逸；利用纸张的原色为色调，给人的感觉是自然、清新等等。有时为了追求新奇的个性特征可以在常规的基础上加以发挥。如采用无彩色调也能在五彩缤纷的书海中脱颖而出。另外，书的内容对色彩也有特定的要求。如描写革命斗争史迹的书籍宜用红色调；以揭露黑暗社会的丑恶现象为内容的书籍宜用白色、黑色；表现具有青春活力的书籍宜用红绿相间的色彩等。

（四）封面设计的构图

封面设计的构图，是将文字、图形、色彩等进行合理安排的过程，其中文字占主导作用，图形、色彩等的作用是衬托书名。一般情况下，将文字进行垂直排列，具有严肃、刚直的特点，这是我国书籍的传统构图形式水平式的构图，给人以平静、稳重的感觉；将书名水平排列能给整体带来平衡的作用。倾斜式的排列，可以打破过于平稳的画面，以求更多的变化。运用恰当有助于强化书籍的主题。

近几年来，封面设计在相当程度上已引起了人们的广泛重视，在北京等地涌现出了许多以书籍设计为主业的设计公司，这些公司由于吸收了大批设计精英，涌现出了许多优秀设计，从而给中国的书籍设计界带来了一缕春风。正如何燕明先生在《杂志封面设计》一文中所说："书装设计者必须养成爱思考的习惯，一个设计家，要么在工作，要么在沉思，工作和沉思使他废寝忘食。"是的，随着书籍的大量出版，必然需要大批的设计精英，必然要提高设计水平，以设计出既有思想性又有艺术性的作品，去满足广大群众对书装的要求。

五、书脊设计

书脊也叫"书背""封脊""背脊"等，即封面和封底的连接处，是书的脊部，它是书籍成为立体形态的关键部位。书脊上一般印有书名、册次（卷、集）、著译者（作者）、出版者，精装书的书脊还可以设计上装饰图案，可采用烫金、压痕、丝网印刷等诸多工艺来处理，书脊设计得清清楚楚，以便于读者在书架上查找。

有些人认为书脊设计无关紧要，常常忽视对书脊的设计。其实，书脊非常重要，书放在书架上，背朝读者，人们看到的首先是书脊。因此，成熟的设计者，也一定会重视书脊设计。

德国设计家汉斯·彼得·维尔堡在《发展中的书籍艺术》一书中说："一本书一生的百分之九十显露的是书脊而不是别的。它站在图书馆里它的同类旁边，它不应当不公正地显示自己，这与广告没有关系，早就买来的，只是书籍，但是它应当在第一眼就被找到。符合图书馆特性的封面设计的传统和经过考验的形式是书脊上的小牌子。它的简单任务是告诉在寻找的眼睛：'我在这里'，在这张双页上的图例应当说明，用简朴的变化、丰富的有特点的设计能够解决这个问题。"由此可见，书脊的设计除了具有装饰功能以外，更多的则是具有实用功能，这种实用功能主要体现在便于人们在众多的书籍中查找该书。

一般情况下，中国书的书脊设计顺序是由上至下排列文字，书名在使用字体或字号时都较为突出，或者在印刷或烫压时使书名的色彩较为突出，目的是检索。外国书在书脊上的书名排列，由于文字不能直排，书名或由上而下，或由下而上排列，阅读、查找都不方便。由于书脊的形状修长窄小，许多人往往忽略了这一设计，作为一个设计者来说是十分不应该的，越是小的地方越应该仔细推敲。日本书籍设计家杉浦康平先生说："书脊是编辑的领地，是给封面作画的画家不会被请到的地方。我拿到杂志的第一印象，与我对建筑的想法有关，即把杂志看成是纸张的集聚。在学建筑的人眼里，毫无疑问，它是三维的实体。即虽然仅仅是一叠纸，却是一个立体物。如果是建筑，直立的部分即为立视图或外观，本来相当于建筑物的正面。即建造有入口的、仰视时建筑的脸面。既然如此，对这个厚度岂有不好好利用之理？"常去书店的人都知道，目前国内只有大型书店才有条件将部分书摊开展示，中小型书店的售货方式都是将书放在书架上，读者在购书时看到的只是书脊。可见，书脊的设计对于书籍的销售起到的作用是至关重要的。在设计书脊时，要计算书脊的厚度，这里有一个计算方式：如52克的超级压光凸版纸，单张厚度为0.065毫米；50克的超级亚光胶版纸，单张厚度为0.063毫米；50克的单面胶版纸，单张厚度为0.091毫米；70克的特号凹版纸，单张厚度为0.078毫米等。由于选用的纸张不同，书脊的厚度也有所不同，在设计时要做好充分准备。

书脊的设计一般有两种方式：其一为"活书脊"，即设计时要留有余地，不要将书脊用色块框死，可连同封面、封底一起设计，如果厚度稍有加减，也能使书脊的书名字和图形等在书脊上居中；其二为"死书脊"，即设计时先做一本假书，以计算出书脊的确切厚度，以免出现偏差。

总之，设计书脊应注意以下要点：其一，书籍的标示要明确，应该具有强烈的符号意识，以便吸引读者，更要体现书籍内容的个性；其二，书脊设计不是孤立存在的，它的设计应与整体设计，特别是封面设计相一致，如字体常常使用或重复封面用的字体等；其三，丛书的书脊一定要放丛书名，并注意丛书中的每一本书的书脊各要素要保持一致，只有书籍的一致性，才能使书脊呈现出整体美，此外，全套丛书的书脊可以连续成一个画面，每一本仅是整个画面的一部分；其四，同是10个印张，由于纸张种类和厚度不同，书脊的厚度就会发生变化，因此书脊设计应留有余地，即使书脊厚度稍有加减，也能使书脊的印刷元素在书脊上居中，如果设计成"死"书籍，则要把书脊厚度算得特别准确，最好事先做一本假书，知道书脊的确切厚度，这样就可以设计成死书脊了；其五，书脊虽然只是整体设计的一部分，但却不应忽视，因为这个"细节"往往会对整体产生重大的影响。

六、封底设计

封底也叫"封四"，是一本书的最后一面。封底是封面设计的延续，有些封面上的图案或画面常常延续到封底。有的封底则印内容提要、定价、条形码、书号等。有些期刊用来刊登美术作品、摄影作品或刊登广告等。

封底是书籍整体设计的一部分，不容忽略，因为它在视觉上是有连续性的，其中有平面的关系，也有立体的关系。在进行设计时，设计者首先要有一个统一的美学构思，有一个完整的美学思想指导的统一规划和布局。这样，在进行书籍设计时，不论是封面还是封底，都会是协调一致的。如果没有统一的指导思想，往往所设计的书籍风格很不一致，甚至格格不入，这是长期以来的通病。

总之，封底不是可有可无的，而是非常重要的一个环节，忽略了封底设计，书籍的整体美感就有了缺憾。封底设计是否到位，反映了设计者具有怎样的书籍设计观念，讲究的封底设计，也体现了设计者"尽善尽美"的设计思想。

七、封里设计

封里也叫"封二""里封"，即封面纸朝书心的一面，多是空白。一般书的封里是没有设计的，但有些书为了凑合印张，也印一些目录、前言或内容摘要等，也有印作者简介的。期刊中的封二大都印着美术作品，起承前启后的作用。

八、封底里设计

封底里也叫"封三""里底封"，即封底纸朝书心的一面，多是空白。有的读物利用它印后记或正文。

封里或封底里同样属于书籍整体设计的一部分，但往往是最不被重视的一部分，即便重视了，也常常是注重自身的完整而忽略了它与封面与封底的响应关系。实际上这两部分对一本书是非常关键的，因为你打开书的第一页就是封二，看完书的最后一页就是封三，它的好坏直接影响到读者对书的内容的印象。

九、勒口设计

勒口又称"折口"，是指平装书的封面和封底或精装书护封的外切口处向内折回的部分，一般为5至10厘米宽。勒口的作用是用以增加封面、封底外切口边缘的厚度，使幅面平整，并保护书心和书角，勒口上有时印有内容提要或书籍介绍、作者简介等。精装书或软精装书的外壳要比书心的三面切口各长出3毫米，以保护书心。

书籍的勒口，实际上是介乎平装与精装之间的装帧形态，平装书封面从无勒口发展到有勒口，一是为了美观，另外又可防止封面卷曲。没有勒口的平装封面，如果封面纸较薄，书口处往往就会打卷，而勒口起到了防止封面卷曲的作用。书籍的勒口可宽可窄，太宽显得累赘，太窄则会显得过于简陋、小气。

近年来，勒口设计日臻完美，使读者在翻阅书籍时，流动的视线享受到了充分的审美满足。书籍设计者应利用勒口为读者提供有用的信息，在设计中除了充分注意发挥形式美的因素及保持风格与整体一致外，还可加入以下信息：在勒口上印广告，介绍最近出版的新书书目；在勒口上印作者肖像及简历，使读者在阅读正文之前对作者有一个基本了解，无形中缩短了读者与作者之间的距离；在勒口上印书籍的内容简介，使读者对书的内容大致有个了解。

勒口的设计一般连同封面封底一起进行，这样可以在总体构思的基础上进行统一经营，免得各部分之间有较大差别。

十、腰带设计

腰带指环裹在一套或一本书或画片腰上的狭长条，一般印内容简介、目录、作者简介或版权等内容。因为它是环绕在书籍的外面，所以也叫"套环""封腰"。

封腰其实是书籍护封的一个变种。资料中记载，出版史上最早的护封实物是15世纪末德国一位书籍装订工兼木刻家的作品，用于1482年一本名为《健康护理》的小书上。

1949年在英国伦敦的维多利亚和阿伯特博物馆举办了名为"书籍外衣艺术"的国际书籍护封（封腰）展览。展览的发起人是英国的查尔斯·罗斯纳，后来出版了一本《书籍护封艺术》的书籍，这可能是第一本关于护封（封腰）的专业书籍。

书刊封腰的推广是很缓慢的。19世纪的后半期，出版社和书商的一些书籍只用一张简单的透明纸裹住，能看见下一页简单的图画。直到19世纪90年代，才开始在白纸上采用多色套印，请著名画家和设计家设计封腰。

封腰在国内的出现和发展，是伴随着中国的出版业一起成长起来的。在20世纪80年代，刚刚从国家的十年动乱中走出来的人们，阅读资源有限，然而阅读热情高涨，一本好书推出，基本不用太做宣传，就马上可以在读者中间流传开。那个年代的图书，别说封腰，甚至连现在常见的封面"前勒口"和"后勒口"都非常少见，只要一个封面加一个显眼的书名，就可以上架出售了。随着20世纪90年代图书业的兴盛，封腰也渐渐开始大行其道。它作为一种简洁有效的宣传方式，自然会成为许多出版人的"装帧必备"。

书刊封腰存在本没有对错好坏之分，问题是怎样去设计书刊封腰，如何以封腰来注入不同的创意能量，从而提升书刊的内在价值。封腰虽小、虽薄，运用得宜才能发挥画龙点睛的功效。

封腰的使用另一个目的是设计风格的区分。现今的图书设计跟风很快，每出现一种独特的设计风格，不用多久市场上就会出现无数近似或相同的封面装帧。此时用上醒目的封腰就会看上去略有不同，对读者的吸引力得到大大的提升。其次封腰的成本很低，在一本书的综合成本中几乎是可以忽略不计的。

书刊封腰的作用，主要是三个方面：其一是增加美感，封腰的色彩、质地、形式等与封面主图相互呼应，在制作过程中加一些诸如磨切、起凸、UV、磨砂等工艺，以求整体上和封腰搭配，使一本书的整体装帧更臻完美；其二是向读者传递该书的内容特点，让这本书的读者拿起来先不用翻内容，就初步知道这本书的读者对象和基本内容，从而提高读者选书的效率和针对性；其三是以图书营销为目的，一般没有太多美化的要求，只是一条简单的铜版纸制作的封腰，上面用醒目的大字印上图书宣传的语句，等等。

书刊封腰虽然有以上种种的功效，但也没有必要每本书都采用封腰设计，因为有些图书的封面做得已经很漂亮，一些介绍该书特点和主要情况的文字，可以合理安排在封面、封底，这种情况就不需要采用封腰，避免画蛇添足。所以采用封腰与否，还要结合该书的整体视觉效果和实用效果来判断。

日常设计中，有些书刊封腰的工艺使用有点泛滥了，一些装帧过头的图书，几乎把所有的工艺（UV、起凸、烫金、烫银、磨砂……）都用上了，这是图书装帧设计的恶俗现象。忽略了封腰最主要的效用是传达作品的最重要的信息，要形成的是为读者提供阅读指南的功效。

书刊封腰的外在形式主要有横式、竖式、异型形式。

封腰的组成部分从它的折痕来分有前封、书脊、后封、前勒口、后勒口和大多是没有印刷的里页。通常设计时会把注意力集中在前封和书脊上，因为书刊在橱窗里是平放或立着的，我们看见的只有这两个面积，有些设计者是受到这种面积上的限制的。但是，当把书拿起来，有时是会转变它的方向的。如果我们把设计引伸到后封上去，这种引伸又不影响封面、书脊和后封各个部分的独立和完整，那么，就可能产生一个气派更大和效果更强烈的封腰。

在设计封腰时，一般着重于文字和形象两个因素的安排。除了必要的文字外，形象部分的取材范围较为广泛。

印刷字体有很好的装饰效果和变化无穷的组合方法。创作中选用雕刻的英文字母，就是很好的实例，设计时不仅可以把它们组合成二方连续、四方连续、框子、小花饰，还可以与线、宽边、几何形等自由结合，并在色彩上求得十分优美的变化。但是，它的使用必须要与书刊的内容和性质相联系。

另一种方法是采用与书刊内容有联想或有象征意义的装饰图案。这类应用范围十分广泛，以古代的或民族形式的装饰作为古典书籍或民族书籍风格的象征，或者一些书刊应用现代抽象派的充满趣味的东西，有取之不尽的来源。但是，图案装饰的应用也必须联系书刊的内容，不能不加选择地生搬硬套。

在色彩方面，要考虑到色彩在封腰设计上占有的地位，读者往往先看见色彩，后看见文字和形象。所以色彩是作品给人的第一印象。白色的封腰很容易弄脏，它必须通过上光或裱透明薄膜来加以保护。大多数的设计者喜欢涂一层与书刊内容有联系的底色，以造成某种气氛和吸引读者的视线。封腰的色彩处理需要根据封面和书刊内容的色调来决定，但它可以更强烈一些，或采用更多的对比方法，以增强视觉效果。

由于封腰的色彩最后要通过印刷来完成。印刷油墨的性能与水粉色是不同的，同样的色相在视觉上是不完全一样的，特别在两色或数色重叠产生的效果更是不同。因此，应该充分考虑到印刷油墨的一些不可控因素，才能达到理想的效果。

封腰设计的成功在很大程度上取决于一个好的色彩处理和一个好的构图。构思主要是解决表现什么和用什么去表现的问题。构图则是把构思中形成的形象用画面上组织起来，其中最重要的是主题突出。创作中，主要形象在比例大小和安排位置上要处理得当，使其鲜明突出，不能让次要的、陪衬的形象超过或干扰它，造成喧宾夺主的现象。

在创作过程中，要根据作品的内容和要求来选定以哪一项为主。它可能是文字，也可能是形象，也可能是色彩，也可能是构图。它们都是不可缺少的和同样重要的，然而在画面中只能有一个是最醒目的，而决不可以平均对待。

十一、环衬设计

"环衬"是"连环衬页"的简称，它位于书籍的封面与书之间，位于扉页之前，是一张对折双连的两页纸。环衬的美不是孤立存在的，它的美常常体现在纸张本身的色彩、肌理等设计形式，但环衬的设计更依赖于它与封面、扉页及正文之间的关系，环衬的美体现于它与其他元素的和谐共生中。

环衬的功能是连接封面与书心的，所用纸张要求比较牢固。如32开本的书中，前后环衬都是16开；16开本的书中，前后环衬都是8开等。环衬如同舞台上的帷幕，演出前幕是拉上的，当拉开时，演出便已开始。

环衬的设计不必过于华丽，有全面装饰的，也有半面装饰的，还有用贯穿全面的带状装饰的，等等。装饰的内容题材应与书籍内容有一定的联系，但不要求表现主题，因为它的作用只是引导过渡。在封面之后、扉页之前的称为"前环衬"，在书心之后，封底之前的称为"后环衬"。精装书籍的环衬粘贴在封面或封底朝内的一面，一般用厚实坚硬的纸张。在平装书中，也有在封面之后、扉页之前放一页纸的，人们将它简称为"单环"。

环衬的设计要与书的整体风格相统一，正如法国启蒙运动哲学家狄德罗所说的"美在于关系""美总是由关系构成的"。的确，环衬是否美观，要看它与封面、内页等是否协调，单独看一种颜色是美的，单独看一张纸也是美的，但环衬这种美是多层次、多因素的。

与封面相比，环衬的设计往往是简约的、无言的，但给人想象的空间则是无限的。它如同一扇打开的窗子，窗子里面是有限的空间，空间外面则是无限的宁静或喧嚣。例如精装书的环衬设计，可采用抽象的肌理效果、插图、图案，也有用照片表现的，其风格内容与书装整体应保持一致。但色彩相对于封面要有所变化，一般需要淡雅些，图形的对比相对弱一些。有些可以运用四方连续纹样装饰，从而产生统一效果，在视觉上产生由封面到内心的过渡。

十二、扉页设计

扉页通常用单色随正文一起印刷，比较讲究的书也有用多色印刷的。从扉页的发展中便可以看出，在书籍设计中它同封面是同等重要的。据考证，元代时便有"书名页"，当时虽然没有普及，却为后世的发展奠定了基础。扉页的大量使用则在明代，基本的格式是在版框内竖分三格：正中一格放书名，字号最大；右边偏上的栏中放著作者姓名、职衔；左栏下方放刊印书坊堂号或题字者的名字。

在欧洲，第一张独立的扉页是德国人彼德·舍费尔为国王查理四世印刷的敕书，出现于1463年。1493年科贝格尔在纽伦堡出版的《世界编年史》中，第一次在扉页上印了一张精美的木刻。15世纪末至16世纪初，扉页在欧洲的书籍中逐步得到广泛的应用。

文艺复兴时期的扉页，为了显示庄重大方的特点，以使用大字母为主，常常将文字纳入三角形或高脚玻璃杯形状之中，同时也采用不同等级的字号进行排列。巴洛克时期的扉页以"满"为主，于是大量的文字和装饰纹样被使用。由于雕刻的产生和流行，几乎淹没了书名。到了18世纪，扉页的设计以简洁端庄为主。19世纪，由于受到革新书籍运动的影响，人们开始强调扉页的功能性，要求书名要突出，对比要鲜明，从而使扉页的设计面目焕然一新。

现在，有人将扉页称为"书的入口和序曲"，它的作用是向读者介绍书名、作者名和出版社名。在封面和扉页之间还可以根据需要加上空白的衬页，以供作者或读者题字之用。

扉页也叫"内封"或"副封面"，旧称"护页"或"副页"。它在封面或前环衬的后面，是正文前的第一页，起着保护正文、重现封面的作用，是封面的延续。下面一般编排书名、作者名、出版社名等，背面则刊印内容提要、版权记录、图书CIP数据等。还有一种"小扉页"，即在每个篇章之前加的一页，专印篇章名。

一本书如果缺少扉页，犹如白玉之瑕，减弱了其收藏价值。随着人们审美观念的提高，人们不但重视扉页的设计，而且还采用高质量的色纸来印刷，有的还强调肌理效果，散发出清香。真正优秀的书籍应该仔细设计扉页，以满足读者的要求并吸引购买者。扉页的设计以清秀明晰为好，过于繁杂的扉页，容易与封面产生重叠的感觉。

除了以上提到的扉页，还有一种广义的扉页概念，指的是以8个页码组成的扉页体系，这一体系一般用于比较考究的书籍中，如学术专著、高档画册等，包括护页、空白页、书名页、正扉页、版权页、赠献页（赠献辞、感谢语、题词）、目录页、目录续页或空白页。

十三、版权页设计

版权页也称"版本记录页"，它是每本书诞生的历史性记录，记载着书名、著（译）者名、出版、制版、印刷单位、发行单位、开本、印张、印次、出版日期、字数、插图幅数、累计印数、书号、定价、图书在版编目（CIP）数据等，也有加印装帧设计者和责任编辑姓名的。版权页的作用是便于发行机构、图书馆和读者查阅，也是国家检查出版计划执行情况的直接资料。版权页一般放在第四页，也有放在正文后面的。

版权页的设计以简单朴素为主，字号比正文要小些。比较讲究的书籍应将其连同整体一起设计。

十四、目录页设计

目录是全书内容的集中体现，它显示了书籍结构层次的先后。通过设计的目录，能够有助于迅速了解全书的层次内容。目录一般放在扉页或前言的后面，也有放在正文之后的（这是个例），字体的大小与正文相同即可，但章节标题的字体可略大一些。

目录编排形式主要有：或左齐，或右齐，或居中，或左右齐，或加上线条、色块作为分割用。目录作为书籍版面的一部分，其设计要服从于书籍整体设计的思路，统一在一个整体之中，在统一中求变化，在变化中提高书籍的档次。目的只有一个，那就是增加美感，提高视觉传达的识别性。以期刊为例，目录页的设计变化在版面中可以说是较大的，许多期刊已将它作为一个重要的部分，不仅页码增加为两页，而且增加了信息容量，充分运用点、线、面和黑、白、灰关系，使形式美得以尽可能的体现。除此以外，许多刊物在目录页上增加了"广告语"，这些"广告语"不是宣传别人，而是宣传自己、推销自己。用词大都简练而概括，极富有哲理性。

十五、天地头脚设计

天头、地脚即版心上、下的空白处，上面的叫天头，下面的叫地脚。天头也称"上白边"，地脚也称"下白边"。订口也称"内白边"，裁口也称"外白边"。中国古装书、线装书的天头空白一般大于地脚，而西式书通常上下相等，或地脚空白大于天头的。

天头、地脚适当留出一些供人们眼睛歇息的空白地带，"就像鸟飞倦了，要在树梢（图片）或草地（空白）上落落脚，这些地方也往往是思想行走或飞翔的空间。"（徐雁平《书叶之美》）

十六、书眉设计

书眉是指印在版心以外空白处的书名、篇名，也指横排页印在天头靠近版心的部分的装饰，是正文整体设计的一部分。一般是单码排章名，双码排书名。有的书层次较多，便不排书名，只排章名或节名。文艺类的书籍，以排回目的较多。为了便于检索，字典、词典、手册等工具书的书眉，大多排有部首、笔画、字头甚至字母等。杂志的书眉上还印有刊名、卷号、期号和出版年月等。书眉的设计要注重整体感以及视觉上的美感，不仅在形式上要吸引和打动读者，同时还要做到"耐人寻味"。

十七、页码设计

页码是表示页数的数码，一般排在书的下角或上角，也有在天头或地脚居中的。

书中奇数页码称"单页码"，放在一张书页的前半面（一张书页为两面）；偶数页码称"双页码"，放在书页的后半面。当一本打开的书平放时，左页为偶数，右页为奇数。页码计算一般习惯从正文算起。

分册装订的书，可以单本计算页码，也可以连续计算。前言、扉页、目录页等的页码一般另计。有了页码，装订时就不致使书页前后颠倒，也便于读者翻阅。

另外，书籍中为了设计需要，有时不排页码，称为"暗页码"或"空码"，但仍计算在全书总页数内，如没有文字的插图页等。页码的计算是一面占一个页码数。

十八、正文设计

正文设计也称版式（面）设计，是书籍设计的重要组成部分，它是通过版面与读者接触和沟通的。版面设计的目的是将文字、书籍、插图、图表、页码、书眉等视觉元素，按照形式美的原理，在视觉上为读者营造一个合理的阅读空间。

正文是书籍的灵魂，没有正文就不能称其为书。因此，阿·卡帕尔在《书籍装帧101条》中说："正文是书籍的最重要部分，是书籍装帧的基础。总标题和附录是嵌在正文上的，它们的装帧设计必须和正文风格一致。"正文的设计一般由装帧设计家统一筹划，有的也由一般出版工作者去安排。

正文设计集内容、艺术创造与印刷技术于一体，运用主从、协调、对比、对称、均衡、节奏、韵律等设计构成原理来规划版面，通过版面的设计来体现出版物的编辑思想和手段。正文设计时要注意文字的字距、字号、字体、行间、段落、章节、线框等。可借助网格方式，把版面分成若干栏，以构成版面的秩序美。也可打破网格概念，将版面理解为点、线、面的构成，从而创造出具有新形态、新格局的版面。

正文设计的形式大致分为两种：一是有版心设计，二是无版心设计。版心也称版口，指书籍翻开后两页成对的双页上被印刷的面积。有版心设计指版心周围有白边，文字、插图、页码、书眉等元素均要受到版心的约束。版心在版面上的位置，中国直排书籍的特点是靠下方的，上面的白边要大于下面的白边，因为下部白边小时，版心便有下坠的感觉。无版心设计也称满版设计，是一种没有固定内边，文字与插图不受版心约束，可以在版面中自由设计的形式，现在许多设计、导游、导购方面的书籍多采用此法。以图片为主的书籍，往往左右两页当成一个整体来设计，因为读者翻阅时，左右两页形成一个视觉空间，甚至打破了中缝的界限，将两页的版面构成一个整体，以此来达到前后一致，互相呼应的效果。

从美学的角度看，双页两边的外白边要适当宽一些，以免在视觉上有版心向外散落的感觉。下白边是承受版心重量的，要比上白边宽一些。版心如果居中，便会感觉偏下，当版心稍稍偏上时，方觉适中。因此，一本书的下面和两旁是手拿的地方，在横排书中适合读者批注，因而下白边和外白边是适合宽设计的。

一本书中，版心的大小要由开本的大小决定。版心太大，白边就小；版心太小，白边就大。有些内容较多的书稿，版心略大一些，可以减小书籍的厚度。诗歌、生活、休闲方面的书籍，白边往往较大，给人一种轻松、悠闲的气氛。无版心的设计，版式设计极其灵活，手法也多样，往往注重版面的对比，强调节奏和韵律，强调对比强烈的编排，如大小对比、空间对比等，讲究的是醒目、刺激、多变的视觉冲击力。

国外装帧专家的观点是：一本书的设计最重要的是版面设计，其次是插图和封面。这与我国的情况是相反的，过去我们的出版物只注重文章，不注重版面的编排，这是跟不上时代发展要求的。因此，一本成功的出版物不仅要有好的文章、插图，还要在整体设计上求新、求异、求美，以塑造一个完美的艺术形象。体现在版面设计中便是行、栏、行距、字距的合理设定，标题字、说明字、正文字的合理搭配。

正文中的文字编排，一般可采用不同的字体或不同大小级数的字号来区分层次。原则上同一级的标题，全书要采用相同的字体级数。每一章、节标题可以居中排，也可以齐头排，为了突出，也可以多占行数进行排列。小标题的字体要略小于章、节标题的字体。正文的字体又要小于小标题的字体，依次类推。

在正文的排列上，通常每一段落另起一行，前面空出两个字，现在也有齐头排列的，甚至也有将段首的第一个字以大级数的字号排列的，在开本较大的版面上，效果十分突出。

在行宽的设定上，也要符合人的视觉舒适程度。太宽，人的头部要频繁转动，时间太久了容易错行；太窄，移动视线换行的频率快，也能造成眼睛的疲劳。一般情况下，人正常在阅读时眼睛的最佳宽度是10厘米左右，即二十七个五号汉字，四号汉字约二十个左右。32开本的版心一般为宽10厘米、高16厘米，常用通栏文字排列。16开本的版心一般为宽15厘米、高21厘米左右，一般分两栏进行排列。

行距即行与行之间的距离，通常占半个字的空位。如果为了拉长篇幅，也可将行距再加宽一些。行距如果太小，则会造成阅读上的不便。行距太大，则会影响整体的连贯性。

下面谈谈正文设计的要领：

其一：主次分明。所谓主次分明，就是文字的重要程度要与版面位置的高低相一致。一般上比下重要，左比右重要。属"主"的文字应安排在上面和左面的位置；属于"次"的文字应安排在下面和右面的位置。这是就一般情形而言的，有些特殊的书籍也可进行特殊处理，以吸引读者的视线。

其二：条理清楚。它包括两个方面，一是内容方面，二是形式方面。相同内容的文字或图片，应进行统一设计，否则会有散乱的感觉。形式方面包括题与文分明，头与尾分明，文与文分明，这样可以避免形成一片。

其三：轻重平衡。在一页正文中，标题、图片、线条等通常称为"重"或"黑"色；文字和空白通常称为"轻"或"白"色。在设计时要注意左右、上下的平衡，黑白均匀，适当进行穿插。

其四：比例得当。对版面来说，如果比例失调，就难以给人美感。比例过大，则有不相称的感觉；比例相差太小，主次又不易分清。正如著名画家达·芬奇所说："美感完全建立在各部分之间神圣的比例关系上。"

其五：形式多变。一个面孔的版面，会给人陈旧、单调之感，而美的版面则应该是富有变化的。要讲求形式多变，则要注意标题的字体、结构、走向，形式和装饰不要完全相同。

总之，正文设计要坚持以下原则：首先是可读性，即让读者能按顺序读懂内容；其次是易读性，即尽量减轻读者视觉疲劳，以利于更好地阅读；另外是可视性，即能调动和唤起读者的视觉兴趣和美感。

目前主要流行的版式形式：

现在流行的版式设计主要有三种：即古典版面设计、网格版面设计和自由版面设计。其中，古典版面设计和网格版面设计是目前应用最多的版式设计形式。

古典版面设计是由德国金属活字印刷术发明者谷腾堡创立的，至今已有500多年的历史，它的特点是以书刊订口为轴心形成左右两页对称的版面形式。这种版面的图片被嵌入版心之中，未印刷的版心四周的白边，围绕文字双页组成一个保护性的框架，印刷部分（文字、图片或表格等）与未印刷部分（空白）之间的比例关系应相互协调，大小、宽窄适中。

网格版面设计是当今版面设计的主要形式之一，它的特点是在预先确定好的格子中配以文字或图片。网格版面设计法产生于20世纪30年代的瑞士，20世纪50年代以定型的版面设计形式在世界各地被广泛地传播及应用。它在设计时，通常运用水平线和垂直线组成网状格子经营页面，将版心的高和宽分成一栏、二栏、三栏甚至更多的栏，通过规定一定的标准尺寸，在这一标准尺寸中安排文章或图片、图表等。网格版面设计以理性为基础，以比例、秩序、连续为实际设计规范，具有时代感和确定性。运用这种设计方法设计的正文，常会给人一种清新、自然、连续、严谨的感觉。

由于垂直线决定了栏的宽度，水平线决定了栏的高度，从而也就确定了页面设计要讲求块面，追求对齐的效果，横竖划分明确，方正切割清楚，这与几何图案中的米字格和书法家发明的九宫格是相类似的。正如雷圭元先生在《几何形图案》一文中所说："米字格是几千年前陶纹中的一种典型的图形，战国砖纹用了80

个米字格花纹，每直行 5 个、横行 16 个，组成一幅长方形四方连续图案。它同后来书法家发明的九宫格是有联系的。九宫格以 9 个四方形构成一组，所以叫九宫格。九宫又影射古代宫殿构造的格局，所以九宫格就作为布置任何方案的基地，像棋盘格一样，有了它，可以在格上布格局，定方位，而且变化无穷，在每个格中串连上对角线，会出现无数的三角形。这些三角形和方形，用不同的连缀方法，可以变化为种种形象。如果在其中连成曲线，任何形象都可以变化出来。这是数的变化。九宫格的方位，是把中方作为中方心，剩下的是十字交叉相对的四方与每顶角一方，加起来就成为四方八位的格局，这是方向和位置的变化。两千年前，陶器上的装饰纹样，真可说是变化万千。综观它们的造型结构，都和米字格的组织相一致，在一般图案法上称作'网状组织'"。因此，网格版式设计最忌讳的是"强行出格，基线不明，等分版面，添加零碎"。

自由版面设计则以感性为基础，强调的是自由配置，灵活把握，是当今世界上版面设计三种主要形式之一。自由版面设计形成于美国。当时由于照相胶片的剪辑和照相排版的普及，以及计算机排版系统的出现，使对书页进行自由设计成为可能，不再受铅字框架的限制。自由版面设计的完美与成功，主要取决于设计者的设计经验和艺术修养，不同的设计师所设计的自由版面，或活泼而富有变化，或混乱不堪、不可收拾，这二者是常常会出现的。

当前，随着世界高新科技的发展和信息社会的到来，具备现代设计艺术的版面构成已成为世界性的视觉传达的公共语言。这种采用简单明了的字体、图形和符号的版面，经过一定的编排，可以打破民族间的语言隔阂，加速信息的传达，以期达到相互交流、相互推动的新格局。

十九、插页设计

插页是指穿插在正文中和正文文字不相连贯的单独的书页，内容多是与正文有关的插图、地图、表格等。插页一般不和正文连在一起印刷，而是单独印刷后，插订在正文中的单页。在正文前，有时有作者的照片、简历、手迹以及作者或某人的题字等，都算插页，插页一般不算入页码。

二十、插图设计

图文并茂，可以说是中国书籍的传统之一，而经史子集各部类古籍中，也确实都有插图本存在。或许正因为插图本的广泛性，中国古籍中的插图与插图本长期被读者熟视无睹；传统的图书分类法中，都不曾将插图本单立一类。古籍插图引起学术界的重视并成为专门研究对象，只有短短百年的历史。就在这百余年间，研究者的立足点，仍多偏重于美术史的角度，即书籍插图作为版画的艺术性。

最早系统论及中国古籍插图的，当是郑振铎先生。他在 1927 年 1 月发表在《小说月报》第十八卷第一号的《插图之话》，可以说是一部中国古籍插图简史，其中阐述了插图的作用及其发生作用的原理："插图是一种艺术，用图画来表现文字所已经表白的一部分的意思；插图作者的工作就在补足别的媒介物，如文字之类之表白。这因为艺术的情绪是可以联合的激动的。"鲁迅先生在 1934 年的《连环画琐谈》中也曾指出中国古籍插图的产生，是"因中国文字太难，只得用图画来济文字之穷的产物"，"那目的，大概是在诱引未读书的购读，增加阅读者的兴趣和理解"。因此，书籍插图的目的或作用，是增加读者的阅读兴趣与帮助读者对文义的理解，优秀的插图也能提高书籍的视觉美感。所以，书籍中纯粹用于装帧的题花、尾花、花饰等饰图不能视为插图。完全以图画构成的书籍，如各类画谱、画册、摄影图册等，或者以图画为主、配合简要说明文字的书籍，如连环画册、地图册等，一般也不视为插图。

插图是书籍的组成部分，是插附于书刊或文字间的图画，它对书的内容起着补充、点缀说明的作用，图文配合，以增加书籍的可读性。中国古代以"图书"并称，说明了"凡有书必有图"的道理，它是运用图画对文字所表达的思想内容作艺术的解释，它包括创作因素、主观意图和审美特性等。

插图不同于一般独立欣赏的绘画，它具有相对的独立性，又具有必要的从属性，它不依靠文字，必须具备一定的绘画条件，表现一定的主题，同时又必须服从原著，这就是插图的含义。一本书中的插图不会只有一张，而是几张甚至十几张，这就要求插图与插图之间要有一个整体的协调，这个整体包括文章的开头、文间、结尾一整套的构思，要处理好字与空间的关系，从而达到和谐完美，以让读者在阅读过程中得到充分的精神享受。

不同书籍有着不同的内容，作为一个插图作者，面对不同内容题材的书籍要认真研究思考，从而找到恰当的手法去表现，千万不要千篇一律地去对待。综观中外插图作品，其形式主要有写实和装饰两大类。由于对原著的理解不同，即使同一类的作品，不同的插图作者也会表现出不同的风格，这就是因为个人的艺术修养不同，对原著的理解不同，构图的角度不同。例如黄永玉在 1956 年为撒尼族叙事长诗《阿诗玛》所画的插图，不仅集中而真实地表现了主人公的欢乐与幸福、劳动与勇敢、困难与遭遇，而且对诗的节奏、情绪和风格的表达，也有着周密的匠心经营。整套插图富有韵律感的构图、流畅的线条、朴素淡雅的色彩、变化丰富的刀法和装饰味。而他为《叶圣陶童话选》《雪峰寓言》、民歌《老鼠嫁女》、贺宜《野旋童话》等作的插图，则根据原著不同的风格，又采用了不同的表现手法。如在《叶圣陶童话选》的插图中，出于画家对童话理解和儿童欣赏要求的熟悉，更加发挥了艺术的夸张和想象，以满足儿童对新奇、强烈、稚气和拟人化的兴趣。

一个个充满人格化的动物生动活泼地出现在小读者的眼前。再如中国现代插图大师张光宇先生作于1935年的《民间情歌》插图，共计59幅，完全采用中国传统工笔白描画法，描绘工整，生动有趣，生活气息很浓，装饰性很强，具有鲜明的中华民族的艺术风格。正如他在《自序》中所说："我从这里面看出艺术的至性在真，装饰得无可再装饰便是拙，民间艺术具有这两个特点，已经不是士大夫艺术的一种装腔作势所可比拟的，至于涂脂抹粉者的流品，那更不必论列了。……至于画的工拙，在我是无所表白，更无所根据，受的什么影响？学的什么派头？那我实在无所适从，不过我只觉得画情歌就这样画画而已。"

（一）插图的历史

中国插图史以唐代为界，唐以前为手绘插图（多为卷轴画），唐以后以木版插图为主。

众所周知，构成书籍的最基本因素是文字。作为象形文字的汉字，出于两个源头，一个是结绳和刻画符号，一个就是图画。考古等已经证明，在旧石器时代，人们就将生活中的事物，在岩壁上生动地绘制出来，这种图画，被研究者称作"图画文字"或"图形文字"。中国书籍史的研究者通常将甲骨文、青铜器铭文等作为书籍的初期形式，在这两种书籍中，文字具有相当浓郁的图画意味，特别是动物名字的写法，与其形象十分接近，从而形成一种"图文并茂"的情况。但是这些图画文字或图案性文字，仍然属于文字，而不能看作文字以外的插图。

被认定为中国最早书籍的，是在商周时期已经出现、春秋战国时期得到广泛应用的简牍，它对中国的书籍制度产生了深远的影响。从现存简牍形式的书籍中，还没有发现插图本的存在，这是由简牍的制作材料和书写方法所决定的。因为在细窄的简牍上，很难绘制插图，人们只注意它的长度变化，很少涉及它的宽度，加之编连起来的简与简之间有空隙，难以构成完整的画面。

在简牍时期，能够用于绘图的有两种材料：一是比简宽的木板，二是帛。其中木板也叫"方"，版面大者有一尺见方，用板绘制的图主要是地图，所以后世将领土范围称作"版图"。帛是多种丝织品的总称，在上面绘制图形很可能在周代就已开始了。但帛被用来作为书籍的载体，大约始于战国时期。

据史籍记载，在帛出现以后，曾产生过简书文字配以帛绘图画的形式，但究竟是文配图还是图配文，尚待进一步研究。现在能够见到的最早的帛书和帛画实物，主要是1973年长沙马王堆西汉墓所出土的二十六种，书写有十二余万字，这其中就有图文并茂的。

1942年长沙东郊子弹库战国墓出土的一件帛书，共有墨书正文七百余字，周围用朱、绛、青三色颜料绘出十二神像，另有二百多个说明文字，共九百四十八字。据专家考证，帛书四周的十二神像，代表十二月，图中标注的月名与《尔雅》所载大致相同，并各注明了该月的神名，职司以及当月宜、忌等内容。这件已有二千三百多年历史的帛书，也许还算不上现代意义的插图本，但毕竟已具有了插图的某些特点。

长沙马王堆西汉墓中出土的二十六种帛书中，除《长沙国南部图》和《驻军图》属于地图，以图命名的还有《丧服图》《九主图》《神围》《筑成图》《园寝图》《胎产图》《养生图》《导引图》等，或属于礼制，或属于养生，都是有权势者所热衷的事情，所以会不惜代价地以帛作书。其中《导引图》幅高五百毫米，共约一千四百毫米，前段四百毫米长的部分，是《却谷食气》和《阴阳十一脉灸经》乙本两种古佚书；而后段一千毫米的部分，绘制了四十四个各种人物的"导引"运动形象，很像今天的广播体操示范图。此外还有一种《五星占》，记录了从秦始皇到汉文帝时人们观察五大行星运动的成果，不仅有对行星动态的描述和数据，而且还画出了彗星图谱。此类书籍，如果没有插图，单用文字叙述，势必非常复杂，而且读者也不易理解；有了插图，即使只有简单的几笔，也使人一目了然，尽管离今天的插图还有一些距离。

产生于公元4至10世纪的敦煌遗书中，有相当数量的绢本手写佛经，不少带有彩绘插图，应属于早期的插图本。让人遗憾的是，敦煌遗书的精华部分，多流散到国外。

魏晋南北朝时期的插图，主要用于教化，宣传儒经、佛教，当时出现了中国绘画史上第一位插图画家顾恺之，主要作品有《女史箴图》《列女传图》《洛神赋图》。其中《女史箴图》是西晋张华《女史箴》的插图，《列女传图》是西汉刘向《列女传》的插图，《洛神赋图》是三国曹植《洛神赋》的插图，都属于手绘插图（卷轴画），现存的是唐宋人的摹本。

唐代插图最伟大的成就是发明了雕版印刷复制技术和木版插图，现存唐代插图主要集中在敦煌石窟藏经洞，主要是佛经插图，大多是写本手绘插图，也有极少数印本木版插图。

从迄今为止考古发现的雕版印刷品实物看，有明确纪年的以唐代咸通九年（868）刊印的《金刚般若波罗蜜经》为最早。它不但是世界上明确纪年最早的印刷品，而且也是历史最悠久的插图本。这部长卷由七张纸粘接而成，长近五米；卷首印有《祇树给孤独园图》，框高二四四毫米，宽二八零毫米，画面内容是释迦牟尼说法图，座前有二狮蹲伏，两旁有金刚、力士、比丘和国王的护卫，无论文字还是图画，都非常精美。其中卷首插图画面复杂而构图布局极有章法，丰满完整；人物众多而面貌造型栩栩传神，颇有大唐风韵；纹饰纤秀华丽，刻线流畅，雕镂精湛，得心应手，已经是一件相当成熟的版画艺术品。这件在中国印刷出版史上具有划时代意义的国宝，出土于敦煌，但被斯坦因盗往英国，现藏英国不列颠博物馆。

据文献记载，日常生活中所需的历书，求学所需的字书、韵书等工具书，以及"阴阳杂记、占梦、相宅、九宫五纬之流"的杂书，在唐代都采用雕版印刷了，因为这些书社会需求量大，花费较大工本雕版印刷才会有利可图，倘若印量过少，雕版印刷的成本大于抄写的成本，就不会有人去做这些事。在这些出版物中，至少相宅、阴阳等书是肯定配有插图的。唐代历书没有藏本，唯英国伦敦藏有两种，现存年代最早的唐乾符四年（877）印本历书，就是插图本。

到了五代时期，雕版印书的范围和数量都大为增加，特别是儒家经典也有官方组织系统雕版印刷，这在图书史上被视为一个划时代的大事件。现在可以见到的五代时期的插图，主要也是发现于敦煌的佛教宣传品。如五代后晋开运四年（947）七月十五日归义军节度使特进检校太傅谯郡开国侯曹元忠请匠人雷延美雕印的《大慈大悲救苦观世音菩萨像》和《大圣毗沙门天王像》，在页面上方约三分之二的位置镌图，下方约三分之一的位置雕有较长的题记，正是中国古籍插图本长期沿用的上图下文形式。此外，江南的吴越国王虔信佛教，建塔藏经甚多，仅20世纪以来，就已数次在江南佛塔中发现吴越刻插图本佛经。如1917年湖州天宁寺石幢象鼻中发现显德三年（956）吴越刊印的《一切如来心秘密全身舍利宝箧印陀罗尼经》；1924年在杭州西湖雷峰塔（黄妃塔）内发现975年刊印的《宝箧印陀罗尼经引首》；1971年绍兴出土金涂塔中所藏965年刊印的《宝箧印经》等，卷首都有版画插图，虽然形式单一，但雕印质量都已比较成熟，流传范围也相当广了。

从宋、辽、金至元的四百年间，是中国雕版印史上承前启后的重要时期，也是版刻插图技艺得到长足发展的繁荣兴盛时期。其中宋代的插图本在应用范围上得到了较大的拓展，不但佛教经典，经、史、子、集，以至农桑医算类书等，几乎都有插图本。

在现存宋代插图本中，宗教宣传品所占比例仍然很大。如北宋太平兴国年间刊印的《启运慈悲道场忏法一心归命三世诸佛》，作梵夹装，每页竖分两栏，上方四分之一的位置雕坐于莲花座上的佛像，下方雕大字佛名，佛名两旁有花卉纹装饰，庄重而大方。雍熙二年（985）刊印的《金刚般若波罗蜜经》的卷首图，一幅图版竖分为几段画面，各表现一个故事情节，生动地演绎了宣教内容，也成为版刻插图中的一个新形式。端拱元年（988）雕印的《金光明经》四卷，每卷引首插图一幅，各有三至六组佛教故事，可见这一形式已相当流行。

据文献记载，北宋年间曾系统刊印史部书籍，从《史记》《汉书》直到《资治通鉴》；南宋年间也曾刊印大量史书。现存史部插图本，有北宋间衢州刊、南宋补版印本《东家杂记》考。崇宁二年（1103）刊印的《营造法式》是考工类图书的代表，其插图使后人得以了解古代建筑技术和制度，现在能见到的只有宋刻元修本。一向被推为小说插图之冠的《古列女传》，传有北宋嘉祐八年（1063）建安书肆余氏靖安勤有堂摹刻本。宋徽宗时纂修的《宣和博古图录》，是有代表性的金石类图录，使后人得以了解大量古物器形，但此书已不见原本，只能从后世的翻刻本和摹绘本中窥其一斑了。

此外，宋代方志今天可见的尚有三十多种，多有插图，如《咸淳临安志》有宫城图、京城图、浙江图、西湖图等，是现存最早的南宋都市图；《嘉定赤城图》有州境、罗城等插图；《雍录》有都邑、宫殿、城阙、山水等图。

金代的平阳府一度成为北方的刻书中心。现存金代插图本，有贞祐二年（1214）嵩州福昌孙夏氏书籍铺刊本《大观本草》；正大四年（1227）刊印的《孔氏祖庭广记》；平阳府姬家雕印的版画《随朝窈窕呈倾国之芳容》；平阳府徐家雕印的《义勇武安王位》等，都是出版印刷史和版画史上不可忽略的重要作品。

元代书院刻书影响很大，鼓励民间兴办书院，种种"文治"举措也促进了图书事业的发展，因此现存元代插图本较多。例如至大元年（1308）建安刊本《新刊全像成斋孝经直解》，是一种上图下文的蒙学读物；元至顺年间福建建安椿庄书院刊本《新编纂图增类群书类要事林广记》，首开类书插图的先河；元代初年山西万泉人薛景石著《梓人遗制》，以文字和图像对纺织木机结构原理做说明；至顺元年（1330）刻本《饮膳正要》，从医学角度论述饮食与养生的关系，并辅以图像的说明，等等。

元代版刻插图的应用范围较前代又有了发展，现在能见到的最早的插图本评话小说，就是元代刊本。例如元至正年间建安书肆雕印的《新编连相搜神广记》插图，把儒、释、道三教尊者的形象都包括在内，是早期小说插图本中的杰作。

元代最为重要的小说插图本，是至治年间建安虞氏所刊《全相平话五种》，共有插图二百二十八幅，不仅是元代小说插图本的代表作，也是早期连续插图本小说的代表作。此书收《新刊全相武王伐纣平话》《新刊全相乐毅图齐七国春秋后集平话》《新刊全相秦并六国平话》《新刊全相续前汉书平话》《新刊全相三国志平话》。全书上图下文，每一对页下方的文字由栏线分隔为两面，而上方约三分之一的篇幅则绘成一幅扁长方形插图，画幅虽然狭长，但便于展现复杂的故事情节，颇有咫尺千里的气势，对后世的版刻插图有深远的影响。插图的镌刻人署"樵川吴俊甫"和"黄叔安"，他们是现在可知时代最早的小说插图版刻艺术家。

明清两代是中国古典文化进入总结的阶段，印刷出版事业也随之进入全盛，也是版刻插图兴旺发达的黄金时代，尤其是晚明到清初的版刻插图，不但题材广泛、数量惊人，而且艺术水准与技术质量，都不愧为中国古代书籍插图的典范。

明代前期的插图本有两个明显的特点：一是在技艺上基本延续了元代的特征，

二是在题材上以宗教书籍为主。明人对书籍插图的作用认识得相当清楚："夫简策有图，非徒工绘事也。盖记未备者，可按图而穷其胜；记所已备者，可因图而索其精。图为贡幽阐邃之具也。"插图是文字叙述不足的补充，是提示文字意义的工具，而不仅仅是绘画艺术的展示。

当时的插图本在书名上多冠以"纂图""绘像""绣像""全像""图像""全相""出相""补相"等字样，以期引起读者的注意，这也说明插图本是一种颇受市场欢迎的图书品类。

明代应用类书籍插图本，前期较少，进入中叶渐多。现在可见的有明景泰七年（1456）内府刻本《饮膳正要》，天顺、成化年间刊印的《秘传外科方》《重刻事物纪原》，弘治年间刊印的《阙里志》《吴江志》《石湖志》《便民图纂》，正德年间刊印的《铜人针灸图》《西子明堂灸经》《武经总要前集》等。嘉庆九年（1530）山东布政使刊本《农书》，有插图二百人十一幅，对于了解当时的农副业生产、工具以及生活习俗等，都大有裨益。嘉靖十四年（1535）刊行的《醴泉县志》，插有"昭陵六骏"图。与此同时，诗文集中也有插图的。如成化年间为纪念文彦博而刊印的《濂溪集》，正德年间刊印的《刘云庄集》，嘉靖八年（1529）刊行的《莲谷八咏》、二十五年（1546）刊行的《雪舟诗集》等。

明代的戏曲插图本，现存最早的一种是宣德十年（1435）金陵积德堂刊本《金童玉女娇红记》，书中八十六幅插图，采用的是单面满幅形式，相对宋元以来流行的上图下文形式，也是一种创新。

到了万历年间，版刻插图技艺的发展有明显的飞跃，形式的多样、构图的精致、风格的变化、线条的秀丽大胜以往。究其原因，首先是书坊和工匠出于竞争的目的，不得不推陈出新，精益求精，因此出现了一批专业化的版刻名手；另一个重要原因则是不少当代作家参与了书籍插图的创作，为刻工提供画稿，使版刻名手得以更充分地发挥自己的艺术技能。画家与刻手结合，二者相辅相成，所以书籍插图的艺术性大为提高。

清王朝建立以后，为了缓和民族矛盾，采取了一系列"文治"举措以笼络人心，因而李自成、张献忠等势力未曾波及的江南地区，图书出版印刷事业遭到的破坏较小。清代统治者对于版刻插图艺术的重视和利用，是明王朝所无法比拟的。例如康熙五十二年（1713）内府刊印的大型插图本，表现的是清圣祖玄烨六旬寿诞规模盛大的庆典活动，全书一百二十卷，第四十一、四十二卷为插图，系由名刻工朱圭将当时名画家王原祁、冷牧、宋骏业等创作的《万寿盛典图》精刻、精印成为一百四十八页相连的版画长卷，画出了自午门直到西直门沿线的庆典场面，是空前的版画巨制。此外还有《南巡盛典》《御制耕织图》《避暑山庄三十六景图诗》等，也是重要的内府刻本。

《古今图书集成》是雍正四年（1726）内府铜活字印本，但插图则仍为木刻版画，全书五千余册，单印插图的《钦定古今图书集成图》也有一百一十册，共八千余幅图，不但规模之大是空前的，镌刻之工也是精美绝伦的。这些书因由武英殿承办而被称为"殿版"。

清代民间出版的插图本也很有特色，尤其是人物画和山水画。例如顺治二年（1645）刊成的萧云从绘画、汤复雕版的《离骚图》，是清代重要的插图本，在技艺上继承了明代的优秀传统，构图布局上又有所创新。顺治五年（1648）张氏怀古堂刊行的萧云从山水版画集《太平山水图画》更为人们所盛赞。

清代前期民间应用版刻插图最为广泛的，还数小说戏曲书籍。例如顺治十四年（1657）醉耕堂刊行的《贯华堂第五才子书评论出像水浒传》，插图为陈洪缓所绘。此外还有顺治年间永庆堂余氏刊《精选通俗全像梁武帝西来演义》、胡念翼绘《新镌出像古本西游记证道书》《豆棚闲话》，顺治十六年（1659）奎璧斋刊《新编乐府清音歌林拾翠二集》、十八年（1661）方来馆刊《万锦清音》等。

清代影响较大的还有几种人物画谱，即康熙七年（1668）吴门柱筑堂梓行的《凌烟阁功臣图》，康熙三十三年（1694）赏奇轩刊印的《无双谱》，乾隆八年（1743）上官周绘刊的《晚笑堂画传》等。其中金古良撰《无双谱》，皆在表彰中华民族有气节、有操守、忠贞不贰的人物，插图四十幅，镌刻精美，美图背后另作一图案式的饰图，与本图相呼应。《晚笑堂画传》为福建画家上官周所绘，也是图写历代特立独行之士。

咸丰年间，任熊绘《列仙酒牌》《于越先贤像传赞》《剑侠传》《高士传》，均由名工蔡照初镌版。画家手法多变，人物形象鲜明，性格刻画入微，注重环境氛围；刻工镌版精妙入微，刀笔酣畅，充分体现出原作精神，成为中国古籍插图本最后的辉煌。

民国年间，虽然雕版印书余波未息，但插图本很少。值得一提的是，只有贵池刘世珩刊行的《暖红室汇刻传奇》三十七种，间有插图，底本多经过精选细校，镌刻也颇为生动活泼。

（二）插图的分类

插图可以分为两大类：一类是文艺性书籍的插图，另一类是科技及史、地类书籍的插图。

1. 文艺类书籍的插图

文艺类分为小说、传记、诗歌、儿童读物、音乐、美术、戏曲等。插图者通过选择书中有意义的人物、场景和情节，用绘画形象表现出来，可以增加读者阅读书籍的兴趣，使可读性与可视性结合起来，以加深对原著的理解。文学插图包括题头、尾饰、单页插图和文间插图等。

在进行插图创作之前，要深入阅读原著，对原著有一个总的了解。搞清原著是中国文学，还是外国文学？是古典文学还是儿童文学？是小说、散文、诗歌，还是童话、寓言、笑话？原著风格是粗犷豪放、细腻严谨，还是热情活泼、纯朴深沉？了解原著中所描写的历史时代、人物形象、服饰道具、日常习俗、建筑环境等，并且通过视觉形象资料加深理解。因为文学是语言的艺术，而美术是视觉的艺术，没有文学中所描写的生活体验，很难在画面上体现文学内容。只有查阅有关资料，如其民族、时代相近的绘画、雕塑、建筑、工艺品，以及各种文物资料进行分析，将各种感受联系起来，加以综合研究，找出规律，以此为依据，按原著要求确定作品的基调，贯串于全部画幅中。例如陈老莲的《窥简》一图，择取了莺莺躲在屏风一端看信，发自内心深处的喜悦；红娘偷偷从屏风另一端察看，她那手指点在唇边，神态机灵，表现出的是少女的聪敏活泼的形象。画面处理极为简洁，以一扇精彩的屏风展现了闺房的环境。屏风上面的花鸟画，无论是飞翔交扑的蝴蝶，还是窃窃私语的鸟，都巧妙地营造出美好的气氛与愿望。

2.科技及史、地类书籍的插图

这类书籍包括科学、医学、动植物学、历史、地理及工具类书籍。这类书籍插图的目的是帮助读者进一步理解知识内容，以达到文字难以表达的作用，也就是起到一种图解的作用。为了体现其真实性，一般采用写实的形式来表现内容，其形象语言应力求准确、真实、规范、严谨。例如一个苹果的照片能帮助我们看到非常客观的形状、颜色和质感。一粒种子的说明图，不仅能再现它的形状、结构，而且能把它在土壤中发芽的过程体现出来。

（三）插图的表现技法

由于书籍所表达的内容不同，所以在绘制插图时也要选择恰当的表现形式，下面介绍几种插图的绘制方法。

1.点表现法

点的表现力很强，可以用铅笔、毛笔、钢笔等绘制，也可以借用工具随意地点出各异的小点，还可以制作出有肌理效果的点等。一个点的面积虽小，却有着强大的生命力，它是所有形状的起源。点可归纳为两类，即规则形点和不规则形点。规则形点一般多借助绘图仪器描绘出比较整齐的机械形和几何形，并通过大小、形状、疏密等渐次组成有组织、有规则的变化。不规则点随意性较大，多指用手绘和意外做出多样变化的自由形的点。

2.线表现法

线有粗细、长短、曲直之分，它是造型艺术最基本的元素之一。细单线给人以优雅、清秀、飘逸流畅的感觉；粗线有一种直接及庄重感。线条的绘制以钢笔为主。

3. 淡彩表现法

采用淡彩法绘制图，一般先用线勾出轮廓，然后再施以淡彩，也可以先施淡彩后勾线。在画面中，各种风格的线都可以。淡彩一般不受纸张限制，但用吸水好且托色的纸效果要好些。

4. 重彩表现法

重彩表现法是在线描稿的基础上，一遍一遍地染色。它的特点是线、色结合，突出线的神韵，色彩斑斓明快，以平面空间为主。是一种在纸、绢、布、板或墙上表现的一种装饰绘画形式。其中生宣纸或高丽宣纸的重彩绘画形式尤为突出。

5. 木刻表现法

木刻的操作方法是，先把画好的纹样反转粘在纵向切开的木板上，用锋利的雕刻刀把不需要印刷的部分从木板上刻掉，然后在雕刻完成的印刷版上刷上墨（或滚上油墨），把纸张覆盖在上面，再用刷子（或压力机）把木板上上了色的凸出部分的图像印在纸上，揭下的纸张上面就出现了方向正确的一面。

6. 铜刻表现法

铜刻是一种凹印技术，是在1至2毫米厚的铜版上进行雕刻的表现形式，是一种古老的印刷方法。有年代考证的最早的铜刻是1446年一幅描绘受难的耶稣的画像。

7. 石印表现法

石印是第三种，也是最年轻的版画形式，是德国人阿洛伊斯·塞内费尔德于1797年在慕尼黑发明的。石印即在石头上印刷的一种方法。

另外，还有用铅笔、钢笔、毛笔、蜡笔、水粉、水彩、麦克笔、丙烯颜料、油画颜料等工具进行创作的，现在人们又开始使用电脑技术进行插图创作，使插图作者有了十分广阔的用武之地。

（四）插图的编排

插图的编排一般分为文字间插图和单页插图两类。表现形式有整页的、半页的、通栏的、四角的、出血的、双页的、题头尾饰的，等等。

插图的大小和位置要与版面相协调，并要在版面中起到装饰性的作用。当插图大于版面的版心三分之二时，应通栏放在居中的位置；如果小于二分之一时，最好并放两图，以形成对称效果。当插图的宽度超过版心时，可以考虑将图横放并出血；当两版面的插图相对时，最好不要有的横放，有的竖放，以免带来阅读的不便。两页都有插图时，要注意左右版面的呼应，应把两个版面看成一个整体，进行统一处理。如果把插图的一边、二边或三边扩大到纸边，做成出血的图片，能给人以开阔的感觉。儿童和青少年读物的插图，适合于整页、半页、四角和页边的插图混合在一起使用，以形成活泼的感觉。

插图放置的位置直接关系到版面的构图布局，它在版面中所占的比重，其视觉冲击力要比文字强得多，"一幅图片胜于千字"说的便是这个道理。

插图编排的基本原则是：那些重要的、吸引读者注意力的插图应放大编排；从属的插图应缩小，以形成主次分明的格局。

二十一、书签设计

书籍是人类文明发展的产物，书签设计是伴随着书籍的产生和发展而产生的。就书签设计来讲，虽然它微乎其微，但其发展所留下来的痕迹可以折射出不同时代书籍装帧技术与艺术的变革。我们通过追溯书签的发展演变可以发现，书签设计作为书籍设计的重要组成部分，它的形成和发展与人类文明的发展轨迹密不可分。

《现代汉语词典》对书签的解释是："一是指书皮上标有书名的纸或绢的条儿；二是为标志阅读到什么地方而夹在书里的小片儿。"

"书签"一词出现在唐代，如杜甫《题柏大兄弟山居屋壁》诗："笔架沾窗雨，书签映隙曛"。"书签"这一实物应当出现在唐以前，因为书签是伴随着书籍的产生而出现的，书签还随着书籍装帧形式的发展而不断发展变化。

书签作为书的一个重要部分，它既是艺术品，也是广告牌。无论从书籍装帧发展来看，还是从读者功能需求的满足，从艺术品本身的创作，还是市场营销的策略来看，它具有艺术价值和功能价值，在促进书籍更高效的传达信息、更有效地传承文化方面的作用显而易见。

"书签"自出现以来，无论是简牍制下的"首简""赘简"，还是卷轴制下的"牙签"以及早期册页制下的"签条"，在很长的一段时间其实是以书名签的形式出现的，上面都写着书名，以示标记。在机械化印刷术传到中国以前，书签都是作为书籍的一个重要组成部分而存在的，不管是"签条"还是"牙签"，他们或是贴在书上，或是挂在书轴上，都是依附于书籍这个实体的。后来，机械化印刷术传到中国之后，书签脱离书这个实体而独立存在，变成了标记阅读进度及有疑难处的小薄片。

书签的内容也以图画、诗词、民间艺术等代替了以往的只标记书名。到了网络时代，还出现了被数字和虚拟化了的网络书签。现如今，书签的形式更加多样化。

日本著名设计家杉浦康平说："书籍设计的本质是要体现两个个性，一是作者的个性，二是读者的个性，设计即是在二者之间架起一座可以相互沟通的桥梁。"由此看来，书签设计的服务对象有两个，一为内容，二为读者。纵观书籍装帧发展史，书签的诞生，首先是出于传播文化的阅读需要，应使用而生。书签形态的发展变化过程，是遵循中国古代书籍从简册装到卷轴装、旋风装、经折装、蝴蝶装、包背装、线装的发展变化而变化，是一个随着社会的发展越来越适应需要、利于实用的过程。所以，书签设计的根本功能，就是要有利于读者翻阅、收藏、保护书籍。

书签的实用功能体现在以下几个方面：

其一，便于翻阅的功能。

大凡读书之人都是一些爱书人，而爱书人都会使用书签来代替折角作为标记自己阅读的过程。书签的根本功能就是便于人们查找与阅读。《云海》云："唐开元时两京各聚书四部，列经史子集，四库皆以益州麻纸写，其本有正有副，轴带帙签皆异色，以别之。经库细白牙轴，黄带，红牙签；史库钿青牙轴，缥带，绿牙签；子库雕紫檀轴，紫带，碧牙签；集库绿牙轴，朱带，白牙签。"茅盾《陀螺》里："那册天天被五小姐捧进捧出的日本书的美术书签似乎老是停在原地位，不曾移动半步。"又有书签收藏家范利明："当阅读一本书时，或有事要做，或因友来访，不得不终止阅读，这就是需要在已读过和未读过之间夹上一枚书签作为提示，以后一翻即可重续前缘。"这里所说的"书签"都起到了辅助阅读的作用。

其二，提高阅读的功能。

艺术品之所以特别受人欢迎，就是在于他能给人以精神上的享受。欣赏装帧漂亮的书籍可以使人在精神上产生一种喜悦；同样一枚漂亮的书签，也可以使人心旷神怡。

好的书签能够有"使阅读产生美好联想"的作用。古人说："书信为读，品像为用。"好的书签设计令读者读来有趣，受之有益。设计家以体现书籍内容的书签美感形式，表达对书籍内容的理解，通过书签的艺术形式与读者的心灵产生碰撞，从而打动读者，为读者创造精神需求的空间、创造视觉、触觉、听觉、嗅觉、味觉五感之阅读愉悦的舞台，并为读者插上想象的翅膀，引起读者对书籍及其内容产生美好的联想。

好的书签有"烘托阅读气氛"的作用。精美的书签，给读者烘托一个温馨的阅读气氛，使阅读过程成为一个审美的过程。成功的书签设计总是能给人以精神上的享受。中国收藏杂志社出版的《收藏》杂志从2004年猴年的1月份，它每一期都夹有一枚印刷极为精美的珍藏书签。第一期就是印有从海外归来的圆明园十二生肖猴首铜像，每一期珍藏书签印的图像也都是一些珍藏的国宝级的文物艺术品，如清雕瓷仿漆万花瓶，明永乐铜鎏金金刚萨锤，清田黄兽纽正方章，等等，上面还标有各艺术品拍卖行的价格，这么多好看的艺术珍品分别印在珍藏书签上，让人看了赏心悦目。

其三，载录得体的功能。

书签设计是随着书籍发展的不同形态而载录着不同的结构与内容。这种载录的功能可以表现为多种形态，例如：简册装的书、卷轴装的书、经折装的书、蝴蝶装的书、包背装的书、线装书、近现代精装书，等等，都以不同的形态载录着不同的内容。随着书籍装帧材料的进步和书签形态的发展，书签的形式越来越合理，功能性也就表现得越来越完美。

从艺术品本身的创作来看：艺术品是一个桥梁，思想、认识沟通的桥梁；感情、感受沟通的桥梁。书签源于图书，又独立于图书，是散发着翰墨书香、美轮美奂的"文化名片"，更是一件件包罗万象、汇聚精粹的文化艺术收藏品。书签设计是人类用美的规律来塑造的以便于阅读为目的的艺术创作。

选题——书签的第一生命线：书签设计与一般的绘画创作、海报招贴、广告宣传画都不相同，它是从属于书籍的，选题要反映书籍的内容、性质、精神；它是对一本图书主题的高度概括，是传递图书信息的载体，是我们阅读和收藏图书的向导。一枚好的书签作品，往往能明快地反映书的主题思想。正如"眼睛是心灵的窗户"一样，它能向读者传递书的性质、精神等信息，起到"一见钟情"的效果。在方寸之地，概括表达全书的主题，不知不觉中给读者传递艺术家的风格、品味、思想和感受。更要求设计家对书的内容做高度的浓缩、提炼，从中捕捉最具代表性的一个点，展开联想，进行巧妙的构思，正所谓"言有尽而意无穷"。

设计书签美的外在表现：一枚优秀的书签，不仅要有丰富的文化底蕴，而且还要能给予人强烈的艺术感染，既吸引人的视觉，也影响着人的心灵。书签的设计并不是对原书封面与内容插图的简单复制，而是书签设计者在原书风格的基础上进行二次加工，去粗取精，去伪求真，更加注意意境的创造并紧扣主题思想，通过线、形、色的提炼与净化，或凝练简约，或浓墨重彩，或清晰自然地勾勒出书签的神韵，使书签中的人、物、景都不是冰冷冷的字行，而是具有生机与活力的实体，能够第一时间抓住人的眼球、震撼人的心灵。

可以说，书签的设计是对原书的思想艺术再创造，是一种在二度平面上创造三度空间的艺术。

其四，市场营销的功能。

书签能吸引潜在的读者，促进书籍的传播和销售。漂亮的书籍装帧具有明显的促销作用，同样，书签上引人注目的视觉形象和色彩、令人振奋的装帧材料，都起着引起注意、唤起兴趣、促进购买的作用。在书店，我们会经常看到一些介绍新书的书签，在这里，书签作为一种文化信息传播媒介，用它来介绍新书，真可谓是一种微型广告。它可以悄悄地走进千家万户，贴近读者，刺激读者的阅读心理，激发读者的购买欲望，扩大图书的销售量。好的书签设计既要有广告效果，又要在风格上与书籍相适应，做到内部与外部的统一，艺术与商业的统一。

总之，书签不像封面那样先声夺人，那样张扬，那样尽情地表现自己，或许它更像是花朵旁的绿叶、圆月边的繁星，它不声不响地烘托着书籍整体。它是一种潜在于书中的美，它不炫耀，而是隐匿在书籍装帧的整体美之中，它以无声的沉默让人们感受到阅读之美。小小书签，传承着中国装帧的历史，蕴含着丰富的传统文化。作为书籍装帧的工作者，应在信息高速发展的今天，在中国书籍装帧文化的深层意义中探寻中国的书签文化，并在中国传统文化里探寻一些设计元素和灵感。让现代书籍设计和书签设计能表现出纯正的本土文化特色，让人们重新认识到书签文化的现实价值，不要让书签文化被人们所遗忘，这也是我们的理想与责任。

第二节 构成书籍的韵律之美

韵律原指音乐和诗歌的声韵和节奏，即把众多相同或相似的构成元素有规则地排列，使画面呈现出音乐和诗歌的旋律感来，称为画面的韵律。韵律如同潮涨潮落的波涛声和音乐中的圆舞曲，其特征一般为悠扬、舒缓、自由，往往呈现出一种宋词式（长短句）不规整而灵活的流动美，具有波澜起伏、从容优雅之感。在书籍设计中，其装帧设计是为书的内容服务的，好的装帧设计是和内容相辅相成的。具有韵律感的设计，能使版面产生活力和积极向上的生气，反复的方式决定了版面视觉效果和节奏感的强弱。在书籍编排设计中，利用疏密、聚散、重复、连续和条理来编排，以获得韵律感。或利用渐明、渐大、渐高等渐变手法，也能使版面更加优美、生动，更富于节奏和韵律感，更利于人们的阅读。

不论你是否注意过，完美的书籍设计都具有一定的韵律美，这种美体现在文字、图形、色彩等的相互呼应上。有时体现在设计中的韵律是明显的，而有时则是隐形的。具有明显韵律特征的设计，我们从字体的大小，色彩的浓淡、明暗、调和对比，以及书籍的各个局部之间的相互联系中便可以看出。例如环衬具有承上启下的作用，它是连接封面与内页的不可缺少的一环，在设计时一般没有繁杂的装饰，它或是一张色纸，或是几个文字，或是淡淡的图像。它是简约的、含蓄的，因为它的位置不同于插图，只是引导性的过渡。因此，印刷以淡雅为宜，不必过于华丽。也有用深色或黑色纸作环衬的，这样可使视线暂停，所起到的也是一种具有视觉跳跃的韵律的作用。具有隐形韵律特征的设计，在画面中表现出的是一条隐形的暗线，这条线虽然没有被明显地体现出来。但通过设计者的设计和观者的欣赏，人们可以从上至下或从左至右理出头绪，谁先谁后，先看什么，后看什么，便会较明确地表现出来。这种设计一般会有一条导引线，这条导引线也是韵律线。有时通过主韵律线还可派生出许多次韵律线，这种大统一中的小对比，可使画面显得丰富、活泼，从而具有层次感。

黑格尔指出："美的形式可分为两种，一种是内在的，即内容，另一种是外在的，即内容借以现出意蕴和特性的东西。内在的显现于外在的，就借助这外在的，人才可以认识到内在的，因为外在的从它本身指引到内在的。"书籍设计首要任务就是它的外在形式如何给读者创造一个美好的第一印象，其次，它怎样引导读者去探究书的内容的意蕴和特性，形成富有意味的第二印象。在这里，装帧的美与不美是关键。

一、文字的韵律感

文字是书籍版面中的主要载体，将文字进行巧妙、合理安排，可以让读者轻松地进行阅读。在这里，文字有两方面的含义，一是将文字进行编排，二是将文字进行重新设计。

在诸多的艺术设计中，文字始终是设计者首先要考虑的问题，书籍设计更是如此。合理、醒目的文字设计，可以提高画面效果，强化设计美感，深化设计理念，给读者留下过目难忘的印象。因此，字体的选择，字体与其他设计因素的协调关系是极为重要的。

既然文字是书籍设计的重要组成部分，那么只有选择恰如其分的字体，才能增强设计的艺术效果。以期刊设计为例，一些文字是以标题形式或正文形式出现的，它是版面采用的设计形态互相配合来实现其美感的。如何安排好标题的设计对一页版式来说是重要的，在设计时做各种各样的尝试时，便会很自然地发现哪些布局会吸引人，哪些布局会有创新感。当然要凭自己的观察力来做判断，把黑、白、灰，点、线、面的合理空间配置得更好，使版式的画面有着索引的感觉。标题与正文的字体选择设计的正确与否，直接关系到一种期刊版式编排的艺术质量。

在进行书籍设计时，要注意字的直观效果，字体的选择应与图形、色彩等因素相吻合。首先，印刷字体作为书籍名称或正文，有利于认读和识别，从而给书籍设计增加精致感和美感。因此，我们首先应该了解字体的类型。

（一）字体的类型

字体的类型分为书写体、印刷体和美术字体。

1. 书写体的几种类型

我国的汉字历史悠久，字体造型富有变化，它既是文字，又是一幅幅美丽动人的图案。例如日、月、山、水、鱼、象、鹿、马、羊等字，简直就是一幅幅图画，这些象形字具有很高的艺术价值和魅力，是具象和抽象的巧妙结合，是书籍设计中的生动语言，是设计中重要的装饰符号。

书写体可分为甲骨文、大篆、小篆、隶书、楷书、行书、草书等，它们各具有古朴、古拙、庄重、严谨大方、生动潇洒的特点。从艺术特征来看，大篆粗犷有力；小篆匀圆柔婉、结构严谨；隶书端庄古雅；行书活泼流畅、气脉相通；草书风驰电掣、潇洒自如，形成了实用和审美的高度统一。

每个汉字的结构是经过历代无数书法家的研究，逐渐创造、改革完备而定型的。汉代蔡邕说："凡落笔结字，上皆复下，下以承上，使其形势递相映带，无使势背。"明代李淳说："字之形体有大小、疏密、肥瘦、长短，字之点画有仰复、屈伸、变换，尝患其浩瀚纷转，莫能尽于结构之道……勾撇点画皆归间架，有相应相送照应之情，无或反或背乖戾之失。虽字形有千百亿之不同，而结构亦不出乎此法之外也。"以楷书为例，要注意每个字的笔画、偏旁、部首，力求平正、平稳；每一笔画之间的关系，力求均称、平衡；每一笔画之间的分间布白，力求疏密均匀，肥瘦调和，每一笔画之间的连续和反复的变化要进行调整；对每一个字的形态，力求内外相称、向背朝揖，形象自然，气象生动。因此，结构和运用笔画，两者有密切的联系，它同战略和战术的相互关系是一样的。结构必须照顾全局，为笔画创造有利条件；笔画必须服从结构，听从指挥，全力以赴。只有这样，写出的字才具有整齐平正、上下平稳、左右匀称、轻重平衡、分步均匀、对比调和、连续各异、反复变化、内外相称、形象自然、气象生动及格调统一的美感。

2. 印刷体的几种类型

在雕版印刷术发明以前，书籍的生产全靠手抄，局限性太大，抄写太慢，太费精神，影响了书籍的大批量生产与传播。自从7世纪中期到8世纪初期之间发明了雕版印刷术，书籍的传播速度才加快了。

隋唐之际印刷术虽已发明，但并未被及时地利用起来，所以在唐代还是以抄书为主。在宋代，由于文化的普及和受教育者的人数增多，从而加大了对图书的需求，雕版印刷技术也日趋成熟，所以方以智在《通雅》卷三十一中说："雕版印书，隋唐有其法，至五代而行，至宋而盛。"宋代在字体的选用上，主要以颜、柳、欧体为主，也有用褚体、瘦金体的，这些字体通过刻工的再创作，形成了宋版书特有的韵致。就整个宋代而言，雕版书体基本上都是书法体，讲究字体的法度和神采。宋体字的诞生，标志着汉字字体规格化、抽象化、几何化系列的形成。

元代的雕版印书，整体上不如宋代精美，但它继承了宋代的遗风，并形成了自己的风格，一个最明显的特征是：除颜体、欧体、柳体外，赵孟頫书体十分流行。明代刻书的版式特点，一般分为三个时期：即前期的"黑口赵字继元"，说明了明初刻书字体仍然仿效赵松雪体，与元代相比，没有太大变化；中期的"白口方字仿宋"，其中"方字"表明了仿宋字在此阶段的形的特点；后期的"白口长字有讳"，其中"长字"的出现，说明仿宋字在形体上已经出现了明显变化。所以，"赵字""方字仿宋""长字"是明代印刷字体的主要变化和特征。到了清代，有关刻书的情况黄裳在《清刻本》中有说明："清初承晚明的遗绪，直到康熙中叶，刻书风格一般接近晚明；此后经雍正、乾隆，进入了雕版全盛时期，精雕名刻层出不穷。从嘉庆起，雕版风貌逐渐落入草率寒窘的格局，直到清末，再也没有能恢复逝去的光辉。"清代刻书所用的字体，一般分为手写体和宋体两大类。总的来看，清代的印刷字体是对前代的继承、推广和完善，缺少的是创新性。清代后期，随着西方铅字印刷术的传入，活字印刷（北宋毕昇发明）和雕版印刷并行使用一段时间，但由于技术的落后，最终被铅字完全取代。到了20世纪初，照相排版技术问世，以透明字版代替了铅字。到了20世纪中后期，又产生了计算机编辑排版系统，出现了许多新的印刷字体，这些字体仍然是在前人的基础上进行变化的。

现在的汉字印刷体有宋体、黑体、仿宋体、综艺体、长美黑、琥珀体、彩云体、淡古体等。拉丁字母印刷体有罗马体、歌特体、意大利体、单线体、草书体等。汉字印刷体的特点是端庄大方、秀丽挺拔、粗壮醒目、整齐匀称、圆润饱满。拉丁字母印刷体的特点是典雅大方、简洁醒目、流畅明快，活泼大方、庄重而不失变化。宋体和罗马体严肃秀丽，常用于表现较严肃及传统的书籍设计，黑体字因浑厚醒目，常用于表现商业书籍；圆体字柔和舒适，常用于表现文艺方面的书籍。

宋体：宋体是通行的汉字印刷体，正方形，横的笔画细，竖的笔画粗，这种字体起于明朝中叶，称为宋体是出于误会。另有横竖笔画都较细的字体，称为"仿宋体"，比较接近于宋朝刻书的字体。为了区别于仿宋体，原先的宋体又称"老宋体"。

黑体：黑体的形成年代比宋体晚，大约是19世纪初，早年叫方头体。黑体结构平直，精细一致，朴素大方，方正有力，有强烈醒目的视觉效果。

罗马体：罗马体分为老罗马体和新罗马体，老罗马体的特点是轴线左右倾斜，粗细线条差别不大，字脚两成圆弧形。新罗马体的特点是圆形的轴线完全垂直，粗细线条对比强烈，字脚线细直。

歌特体：歌特体始创于13世纪，当时主要用于教学抄写圣经，是用扁平笔书写而成，它的笔画造型别具风格，有精致典雅之感。

无饰线体：这种字体类似汉字中的黑体，其特点是横竖笔画粗细相同，抛弃了字脚饰线，只剩下字母的骨骼。造型简洁有力，现代感极强。

3. 变体美术字的几种类型

在书籍设计中，变体美术字应用极广，它主要指汉字和拉丁字母经过夸张变形等装饰手法形成的一种字体，在一定程度上它摆脱了字形和笔画的约束，可以根据文字的内容，运用想象力重新组织字形，从而使所要表达的文字富有装饰性和感染力。

变体美术字大致可分为装饰美术字、形象美术字、立体美术字、自由美术字和连体美术字等。

装饰美术字：这种字体以装饰为目的，呈现出五彩缤纷的姿态。主要有本体装饰美术字（即在字体本身进行装饰的字体）、背景装饰美术字（在美术字的背景中加饰装饰纹样，目的是补充字的内涵或字的外延）、重叠装饰美术字（即字中的笔画或字与字之间相互叠压，以产生层次感的装饰字体）、实心装饰美术字（即只要字的外轮廓，中间笔画全部省略，可以空白，也可以涂死的字体）、断裂装饰美术字（即在单字或群字的笔画中进行或断、或裂、或错位、或综合的处理后的一种字体）。

形象美术字：这是一种将字的局部或整体进行形象化处理的字体设计。主要有添加形象美术字（在字体中将有关联的形象及其形象有代表性的特征，合乎情理地结合进去，从而使字体更具感染力）、局部笔画形象美术字（即把字的某一笔画合理巧妙地变成某形象，这种形象必须与字的内容有关联）、整体笔画形象美术字（即局部笔画形象的深化，它不仅把某笔画进行形象处理而且扩展到所有笔画都形象处理）。

立体美术字：用立体图法，把平面字形描画成具有立体感的字体。主要包括灭点透视立体美术字、轴侧透视立体美术字、本体立体美术字等。

自由美术字：这是一种介于书法与规矩制字之间的美术字，它的特点是"随意而不随便，自由而不自在"。

阿拉伯数字美术字：即日常采用阿拉伯数字1、2、3、4、5……所做的各种美术字。数目字是枯燥的，但经过美化以后的数目字，视觉上的观感便完全不一样了，它往往变成吸引人们注意力的焦点，从而达到预期的设计效果。

连字美术字：连字是印刷用语，是指把两个以上文字铸成一条组合字体。现在许多书籍封面用字采用这种形式，但大多为较单纯的字体，它比起一般字体来，则更多地用粗线的字体和富于变化的字体。

（二）书籍文字设计要点

1. 专用字体的创意设计

书籍的专用字体指期刊的刊名或系列书的总体字体设计，在进行设计时，首先要掌握所要表现的书籍内容的情况，然后进行设计。一般从字的外形、笔画和结构三个方面进行创意构思。

外形：常用的字体一般局限于方形，在创意设计专用字体时，首先要突破旧的格局，强调文字外形特征，使字形外部产生变化。

笔画：一般文字的笔画虽各具风格，但都比较匀称统一。在专用字体的创意设计中，有时为了强调坚实的感觉，可做硬性处理；而有时为了突出柔软的特点，可做柔性处理。

结构：在专用字的整体结构设计上，为了打破传统文字已形成的条理、规范的定式，可以有意识地夸大或缩小字体结构的某个局部或偏旁，改变一般字体习惯性的均衡分布状态，使专用字体结构区别于通常的书写排列形式。

2. 字体设计中的原则

思想性原则：书籍中的字体设计必须从内容出发，对文字字体进行艺术加工，字体与内容应紧密结合在一起，从而概括、生动、突出地表达文字的精神含义，增进传达的效果。

可读性原则：字体的基本结构是几千年来约定俗成的，不能随意改变。字体设计中的字形和结构也必须力求正确，使观者一看便能认识，这就要求我们在设计时不能过分变动字形结构或随意增减笔画。

艺术性原则：字体设计的生命力在于它的艺术特色，以及它对观者的吸引力和感染力。它不仅要求每个单字美观醒目，而且必须把整行或整幅的所需字体设计得均匀稳定，整齐统一，变化得当，以达到整体的美观协调。

思想性、可读性和艺术性三原则是相辅相成的，是辩证的统一。艺术性强的字体设计通常情况下既突出思想性，同时也加强了可读性。

（三）字体的组合排列

书籍中的文字既要设计优美、有创新，又要编排得体，两者应有机地结合在一起。字体在组合排列时应注意以下几点：

1. 文字的排列要主次分明

书籍封面中的文字虽然不多，但都属"画龙点睛"部分，一般除了书名外，还有作者名、出版者名和一些装饰用字母，各自有各自的作用。重要的主体（书名）文字应占重要位置，字体最大，占的面积也最大；次要文字次之。

2. 字体要符合书籍内容

字体的选择应根据书籍内容来决定。一般情况下，书刊内文宜采用宋体字排版。因为宋体字字形方正，横平竖直，横细竖粗，棱角分明，即使小于六号，字体也能笔画清晰。仿宋体有宋体结构，楷书笔法，粗细一致，清秀挺拔，多用于诗歌的排版。黑体字形端庄，横平竖直，笔画等粗，均匀醒目，多用于书刊中的书名、标题排版。楷书的笔画结构稳定、柔和匀称、美观大方，一般用于标题字，小学课本及婴幼儿读物。设计者要认真研究字体形态，以便能正确使用，以配合书籍整体设计的需要。

3. 文字要清晰醒目

由于字体设计的最终目的不是纯欣赏而是带有欣赏意味的宣传，所以一个难以辨认的文字在宣传过程中是毫无意义的。因此，书籍设计中的文字应让观者一目了然，不要在文字上盲目地加饰花纹、投影等。文字与底色的对比关系一定要处理好，使其既不平淡又不刺眼，而且和谐悦目。

二、色彩的韵律感

如果说字体是书籍版式设计的骨架，那么，色彩就是它的衣着。在设计中调整好黑、白、灰色彩，就会产生不同的节奏和韵律，同时也可用一种色的深浅变化来加强文章不同部分的视觉效果，突出比较重要的内容。要"计白当黑""惜墨如金"，使其一色多能，一色多用，用之不尽，变幻无穷。结合字体、插图和照片的位置形成色彩的合理搭配，使它们互相补充，就能更好地发挥版式设计的视觉艺术效果。

书籍设计中的色彩，通常是采用不同的色彩明度、纯度、色相的有机组合，构成一种视觉形象，使人受到感染与刺激，从而吸引读者的注意，以激起购买的欲望。因此，书籍的色彩必须从表现内容、引人注意和带给读者好感这三个方面入手进行设计。.

我们知道，色彩本身并没有感情，但当人们面对五彩缤纷的大自然时，总会引起某种心理联想。正如闻一多先生在一首题为《色彩》的诗中所说"生命是一张无价值的白纸，自从绿给了我以发展，红给了我以热情，黄教我以忠义，蓝教我以高洁，粉红赐我以希望，灰白赠我以悲哀，再完成这帧彩图，黑还要加我以死。从此以后，我便溺爱于我的生命，因为我爱它的色彩。"这首诗所体现的是诗人对生活的热爱和顽强的战斗精神。诗中涉及的各主要色彩、色相的感情问题，表达得十分简明而准确。在这里，有必要分析一下色彩对人的心理感受的影响。

其一，色彩的冷暖。红、橙、黄色常令人联想到日出和火焰，因此有温暖的感觉；蓝、青色常使人联想到大海、天空、阴影，因此有寒冷的感觉。

其二，色彩的轻重。主要由明度决定的，高明度的色彩轻，低明度的色彩重；白色最轻，黑色最重；高明度基调的配色轻，低明度基调的配色重。

其三，色彩的软硬。这种感觉与色彩的明度、纯度有关。明度较高的含灰色系软，而明度较低的含灰色系硬，纯度越低越软。

其四，色彩的强弱。色彩的强弱与色彩的知觉度有关，高纯度色强，低纯度色弱；对比大的色强，对比小的色弱。

其五，色彩的明快和忧郁。这种感觉与色彩的明度、纯度有关。明度高而鲜艳的色彩显得明快，明度低而灰暗的色彩显得忧郁；明度高的基调配色易产生明快感，明度低的基调配色易产生忧郁感。

其六，色彩的兴奋和沉静。这种感觉与色彩的色相、明度和纯度有关，其中受纯度影响较大。在色相方面，偏红、橙的暖色系具有兴奋感；偏蓝、青的冷色系具有沉静感。在明度方面，明度高的色彩具有兴奋感，明度低的色彩具有沉静感。在纯度方面，纯度高的色彩具有兴奋感，纯度低的色彩具有沉静感。

通过以上分析我们可以看出，合理使用色彩会强化书籍设计（特别是封面设计）的整体审美效果，能够深刻地体现书籍的内涵，提升书籍的审美空间，从而激发读者进行联想和想象。

我们在观察一帧完整的封面设计时，各种色块的大小分布会在视觉中的垂直轴线两边起作用。当同一色彩以中轴线为准线，左右两侧的色彩分量不能达到平衡时，人们的视觉中心会有不安定感，色彩均衡的原理与力学上的杠杆原理极为相似。

在进行书籍色彩构图时，各种色块的分布应以画面为中心基准向左右、上下或对角线作力量相当的配置。若从整个画面来看，大块较重、较暗的色块偏于中心一方时给人以呆板、发闷之感；轻快、较亮的色块偏于另一方则给人以空虚、轻飘之感。所以，当有较重、较暗的大色块出现时，应采用较轻、较亮的色彩来调剂；反之，当有较轻、较亮的大色块出现时，应该采用较重、较暗的色彩来调剂。一幅以黑白为主的封面设计，可以采用黑白交替的方法，也可采用白中有黑、黑中有白的方法来取得均衡效果。这里要说明的是：色彩构图的均衡，并不是指面积、明度、纯度、强弱的配置中色彩占据量的平均分布，而是根据书籍本身的特点，取得一种色彩总体感觉的均衡。

不同的位置、形状、性质的色块在色彩构图中给人的"重量感"是不同的。例如蓝色，在视线上部感觉是轻的，而在视线下部感觉却是重的。形象完整明晰，面积较大，外形规整的色块具有重量感；人、动物、有运动感的物体以及建筑物的色块具有重量感；黑色的黑体字具有重量感，"重量感"大的色块在布局上应离均衡基准线近一些；"重量感"轻的色块应距均衡基准线距离远一些，这是色彩保持均衡感的基本原则。

人们常说"远看色，近看花"。自古以来人们就认识到色彩具有先声夺人的效果。因此，在进行书籍设计时，首先应研究读者的心理、喜好，从性别、年龄、认知度到民族性、地域性、流行性等，这些都是做出正确定位的依据。由于书籍的色彩是采用油墨色彩，通过印刷来实现的，在电脑分色时可以让印刷品的色彩无论是精度还是层次，都可以满足设计师的设计要求，所以书籍封面的色彩是十分丰富的。

书籍设计的用色，可依据开本的大小控制色调。

当开本较小时，应适当调整色彩的面积，一条色带、一个色块等都要仔细推敲，力求做到画龙点睛。有时一个点、一条线，便可将画面经营得具有韵律之美。正如潘天寿所说："我落墨处黑，我着眼处却在白。"说的是当处理某一色块时，想到的应该是色块以外的面积。

因此，色彩的布局不仅仅是位置的摆放，人们常常只注意实处（色彩）而忘记虚处，从而忽略了"实处就法，虚处藏神"（王羲之语）的道理。其实虚与实（轻与重）在布局上的关系，如同白天与黑夜一样，有实便有虚，虚实相生，形、势便都在其中了。

色彩简约，布白巧妙，便会具有韵味，简约中出巧妙、出奇绝，该是审美的最高境界了。

下面再谈谈文字版面中的色彩。

在文字版面中，黑是实，白是虚；在色彩版面中，色彩是实，空白是虚；在图文并茂的版面中，图是实，文是虚（灰面），有时在密密麻麻的文字中出现一页大面积的黑，在视觉上反而会得到休息。所以，色彩是形式的外观，它能对我们的感观产生一种非常直接的影响。一页版面中，要注意深、中、浅色的搭配，缺少对比就会失去生动和光彩，缺少对比也会失去应有的韵律感。

书籍版式设计中，黑、白、灰是色彩结构的三元素，其中黑色是书籍版式设计中色彩结构最主要的构成元素，色彩学称之为"极色"。黑色在版面设计中可以是黑色的面、黑色的线、黑色的点等。版面中因为有了黑色，才会具有浓重、强烈、庄严感，呈现出的是阳刚之美。白色是书籍版式设计中色彩构成的基本元素，属于无彩色系。"白"存在于版面中的字间、行间、栏间，以及正文与标题之间、标题的四周、插图的四周、栏头的四周、版心的四周等。它与黑是相互依存的，要注重"以白托黑""以白显黑"的艺术效果，既要注意合理的白色空间，又要使黑色实体显得大方有序，以使读者的头脑和眼睛均获得短暂的休息，以此减轻读者精神和视觉的疲劳。灰色是介于黑白两色之间的中性色，它有着多层次的感觉。在整体版面中，一个点（字）是一个灰面，一条线（行）是一个灰面，一段文字也是一个灰面。用不同字体排列成的行和面，则在版面上形成各种不同的灰面。

因此，在书籍版面的整体设计中，要注重黑、白、灰的合理搭配，以给读者一个合理舒适的阅读空间。

三、图形的韵律感

这里所讲的图形,主要指封面上的图形。

图形是以象征性为主要目标的造型形态,是以一种相对独立的造型表达某种特定的内容和含义。图形设计是书籍封面设计中的重要组成部分,在整个封面中具有核心的作用(除文字外)。

现代图形的功能主要指它的信息传达功能,因此在进行设计时,要考虑人们对新奇事物的渴望和对美的自觉追求及理解。一个新奇而有特点的图形,首先应该考虑被传达者是否能接受,如接受不了则失去了图形的传达作用。同时,只有出人意料的图形,才能便于人们对图形的辨别并使人产生深刻的记忆。在这里,一方面要让人们接受,另一方面又要创新。因此,图形的设计者应不断地研究人的心理、生理、社会等现象,不断地拓展思路,善于联想和关注生活,以正确的图形形态,恰当地表现其内容和含义,这就需要设计者站在被传达者的立场上,关注其内心需求,并寻求共识,这样才能真正发挥图形的意义。

在书籍封面设计中,图形的设计是有目的、有对象的。传达的准确性和启迪性,表现的艺术性和创造性,读者对象的理解力和联想力等方面,都是设计者在设计时所要考虑的问题。一般情况下,图形可分为现实形态和观念形态两类。现实形态(即可视形态)又分为自然形态和人为形态。自然形态指自然界以及现实生活中所能见到的一切自然生成的形态,这些形态是图形设计的主要素材。这些素材大到天体、地形、地貌、动植物等宏观世界的自然现象;小到花草、果实、微生物及细胞分裂等微观世界的许多奇妙景象,这里面都具有许许多多美的形态。人为形态是一切经过人的主观行为产生的造型或设计出来的形态,人为形态对于图形设计来说同样具有设计时所需求的构成要素。观念形态(即不可视形态)指视觉和触觉不能直接感受的形态,它是人类从自然界中提取出来的,存在于人脑意识之中的形态。如点、线、面、立体等几何图形符号,是将人们精神上、内心中的抽象意识视觉化而成的形态。

综上所述,设计者在进行图形设计时,必须培养对于各种形态精确的洞察能力、思考能力,并训练对于各种形态的敏感程度,这样才能创作出好的、符合书籍内容的图形设计。一般情况下,书籍封面上的图形以偏重于直观性的为主,这是很好的内容解析,特别是应用在传记文学作品、科普读物、生活工具类图书的封面上,可以"一图代百字"。而有些图形的创作,则应以联想的形式为主,例如利用历史典故、文化渊源及长期的欣赏习惯等因素,用看似与内容无关的物象诱导读者抛开表面看本质,发掘更深层的意义。

姜德明在《丁聪的封面画》一文中说:"那时唐弢、柯灵主编的《周报》杂志，有一个时期每期封面上都有丁聪的一幅漫画，每一幅画都是投向国民党的一颗手榴弹，相当尖锐，相当深刻。诸如政府官员、国民党党棍、特务、兵痞、流氓，以及帮助国民党打内战的美军，都是他打击的对象。《周报》的体刊号上，丁聪画了一幅《我的言论自由》一个党棍一手抢了麦克风正在张开血口喷人，一手正在人民的嘴上强贴封条。这样的画是用不着再附加什么说明的。在艺术上，画家很讲究形式美，甚至连笔下塑造的反面人物亦一丝不苟，精心刻画。那些人物思想丑得令人憎恶，可是表现形式又是很耐看的，这种艺术上的和谐和完整，让人联想到京戏舞台上丑角的艺术效果，是很美的。"因此，封面设计中的图形，其思想的表现是很重要的。另外，在《司徒乔的封面画》一中文，姜德明又写道："1928年，北新书局出版了张采真译的俄国塞门诺夫的小说《饥饿》，司徒乔仍以写意的手法画了在风雪中站立的一名俄罗斯妇女，反映了十月革命前后俄国人民的处境和命运。在那貌似急就章的粗豪线条里，蕴蓄了画家的感情，创造出一定的时代氛围，给人以强烈的感染。"总之，这种"比喻"式的联想，是封面图形设计不可缺少的表现方法。

　　书籍封面上的图形，包括摄影、插图和图案等，有写实的、抽象的，还有写意的。写实手法的图形一般应用于少儿读物、通俗读物和某些文艺、科技读物的封面上，这种直观的图形容易使人理解。科技读物和一些建筑、生活用品读物的封面上，一般运用较具象的图形，具象的图形具备科学性、准确性和说明性。而有些政治、教育等方面的书籍封面，很难用具体的图形去表现，可以运用抽象的图形去表现，使读者能够意会到其中的含义。有时在文学书籍的封面上使用"写意"的手法表现内容，可以获得具有气韵的情调和感人的联想的效果，这种发挥想象力、追求形式美的表现，可以使封面的图形表现更具象征意义和艺术的趣味性。

第六章　书籍形态的创新设计

书籍设计就是要把精神享受的空间和物化的双重愉悦作为最终目的，以最醒目的形象、最方便的阅读方式、最完美的表现形式，把书的信息和特性传递给读者。现代书籍设计已不局限于书传达信息载体的功能和内容自身主题的限制，而是将书视为一种艺术，通过独具匠心的技术与艺术创意和实践，创造新的书籍形式。本章将对系列书籍、立体书籍、概念书籍以及电子书籍的设计展开论述。

第一节　系列书籍的设计

系列书包括期刊书籍设计、丛书的系列化设计、文集类书籍的一体化设计以及类书的系统化设计。

一、期刊书籍设计

期刊又名杂志，英文为 Magazine，源自阿拉伯语，字义为仓库，借用以名刊物，表示其内容之广博。它是刊登作者文章或作品的刊物，属于定期或不定期连续印刷成册的出版物，其发行量非常大。今天的期刊，大都分类，各具体系。从编辑体裁而言大致可分为若干栏目，将齐家著述，按栏分置。与书籍不同，期刊是以某个报道为中心，在总的编辑思想指导下组织各种形式的短文，定期出版，具有多中心的内容构成，且配以插图、装饰、照片、文本、广告，形成视觉冲击力很强的复合性的"信息三明治"，而成为当代大众文化、大众传媒的重要组成部分。

（一）期刊的策划

期刊的策划，就是编辑者如何运用巧妙而有效的手段、引人入胜的手法，把事物本质的面貌呈现给读者，进一步引导读者把握事物的深度和广度。具体而言，期刊的策划包括几点：1. 做什么样的期刊；2. 面向哪些读者群、层；3. 什么是最适当的表现方式；4. 什么风格。

（二）期刊的整体设计

期刊作为介于书籍和报纸之间的一种形式，期刊的版面设计也是从书籍的版面设计演绎过来的。直到20世纪初，期刊的版面设计才成为一种专门学问。

期刊的整体设计与书籍的整体设计因为结构的不同而有所差异。

1. 期刊强调图文并茂，要求视觉冲击力更强，设计空间的自由度更大。除画册外，书籍是以文字为主要信息源。期刊则不同，它本身是含有大量图片、照片、插图、漫画、图表、记号的视觉性很强的"信息三明治"，"杂"是它的特点，也是它的优点，相对书籍的静态，杂志形式显得更为活跃和丰富。

2. 期刊要求时效性更强，决定了期刊的设计语言更时吃，更富探索性。期刊是紧贴时代的媒体，可以说是时代文化的代言人。与书籍内容不同，书籍可能精深，是某一主题的详细阐述，讲究单纯，设计也追求大气和整体的装帧、装订；期刊内容贴紧时尚，内容的大众化也决定了其设计上的通俗化，像二十世纪六七十年代的欧美期刊就与波普艺术的关系极为密切。

3. 期刊设计更重编辑概念，即强调信息的条理化、层次化。期刊是多主题、多内容的构成，加上众多的图片信息、较繁杂的前后秩序、整体内容庞杂琐碎，无论从文稿整理、资料管理、时间控制、计划安排上都更讲究敏捷和条理性。设计要一页页地进行，也就更侧重编辑性。可以讲，期刊编辑类似影视编辑。从当今强劲的商品竞争和期刊自身特点来看，期刊的整体设计应分为外部的品牌形象的塑造和内部的编辑设计两大部分。

期刊的外部设计相当于自觉的品牌塑造。当今世界，企业的市场生命力与其社会形象之间的关系越来越密切。作为推向市场精神文化性商品期刊的现代企业，也必须树立起明确的企业形象和品牌意识。这些年来国内一些出版社和杂志社也相继确立了自己的CI系统，像《读者》杂志也率先在封面上采用了蜜蜂标志作为它的标识符号。图6-1所示为两组《男人装》杂志的封面，我们可以很容易地看到封面左上角印在的刊名，耀眼的"男人装"三个字非常容易识别。此杂志在每次发行都以同样的形象出现在读者面前，所以《男人装》杂志在全世界都能被轻松识别。

图 6-1 《男人装》杂志

应该说，杂志社出版的是连续性、多年一贯的一本刊物。由于其明确的针对性和市场定位、编辑内容、编辑方针，其识别性和市场认知度是一本书和一套丛书无法比拟的。

（三）封面设计

期刊也是先看它的封面（图 6-2），通过封面，我们能一眼就辨别出来是新杂志还是旧杂志，一眼就能看出期刊的特点。

图 6-2 期刊封面

期刊的封面最低限度应有刊物名称和期号的文字，一般有照片、插图或图案等装饰，这种装饰的效果比只有名称和期号封面通常要强烈。现代杂志一般都还有内容的要目或专辑标题号，或重点推荐文章名，独家报道标题，起到导读和吸引读者的作用。

图6-3　《ELLE世界时装之苑》

图6-4　《时尚芭莎》

对于时尚杂志来说，其封面人物经常选用明星的照片，然后被一连串的标题包围，它们想传达给读者的是本杂志比其他杂志的内容更加丰富。如图6-3所示为《ELLE世界时装之苑》2019年5月刊，封面人物是周迅，将人物以水墨画的形式呈现出来，别具一格，适当地加一点彩色做点睛之笔，让人过目不忘；图6-4所示为《时尚芭莎》2019年5月刊，封面人物为宋茜，身穿香奈儿服装，服装色彩几乎与背景融合，使得指甲更为醒目，指甲和文字"LOVE"相互呼应，呈现对比效果，给人留下深刻印象。

（四）字体

标志是一个企业的形象，经过法律登记程序取得专利权后可获得国家法律上的保护，禁止他人盗用或摹仿。期刊标志一方面是期刊社精神团结的象征，积极地鼓励全体员工保持期刊的风格，促进员工的同心力与成长，一方面是读者认识期刊的凭借，造成阅读的信誉与价值感。

英国著名平面设计家里维尔·布莱迪（Neville Brody）曾经就为《面孔》（The Face）杂志设计了从字体构成的标志、目录标题字体、内文标题字体等一系列的自创字体，因其强有力的标题字体而使期刊设计性格鲜明（图6-5）。

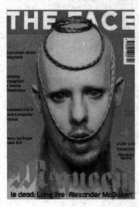

图6-5　The　Face杂志

刊物名是封面的一部分，好的刊名可以使读者产生阅读兴趣。其标准字体，无论是书法字，还是铅印字体都要明确，包括位置、色彩的因素都应从其期刊风格、市场陈列销售方式、读者辨别程度等多方面考虑。

（五）期刊的版面设计

1.网格的创造性。版面设计的网格设计经历了三个阶段：古典主义版面-网格性的版面-无网格的版面。一般而言，期刊的大量文字和图片需要条理化、层次化，用设定合理而美观的网格来支配是需要的。个性化的网格设计是期刊编辑设计的核心内容。期刊版面一般由摊开的两页相对组成视觉单位，设计时考虑两页之间的整体效果，并考虑翻页时的连续韵律。

2.对称性结构。指期刊编辑结构上的前后对称。像一本包含两大块的互补性或对比性的内容，整体编排上可以考虑用此结构。像《少男少女》杂志没有封面封底之分，一面是少男篇，另一面倒过来是少女篇，这种对称性结构，可以造成阅读的独特感。

（六）期刊的目录设计

目录是期刊内容的缩影，多编排在正文前。通过目录，读者可以清晰地浏览杂志的主要内容。期刊的目录设计较为自由，尤以艺术类、生活类杂志为代表，这类杂志的目录经常采用自由版式，并且图文并茂。所以，好的目录设计能让读者清楚地把握整本杂志的内容结构，也能够体现杂志本身的艺术品位（图6-6）。

图6-6　期刊目录

总体来说，设计必须大处着眼，小处着手，期刊设计也是如此。只有充分了解期刊媒体的特点与优势，兼具期刊主人翁的策划意识，融入品牌塑造观念和编辑思想，设计才能变被动为主动，做出现实的设计、有思想的设计、宏观的设计。

（七）书脊的连续

书脊通常是杂志书籍封面信息的重复、延续或补充。当然，书籍摆放在书架上的时候，书脊便成为人们寻找自己喜爱书籍的线索。此时，通过书脊设计，可以使杂志系列化，增强其整体感，从而加深读者的印象。

二、丛书的系列化设计

丛书又叫丛刊、丛刻、套书等，是把各种单独的著作汇集在一起，并给它命以总名的一套书籍。丛书的形式一般分为综合性与专门性两种。

我国较为出名的丛书有《儒学警语》《四库全书》《四部丛刊》等，其中《四库全书》最为出名。图6-7所示为现代出版的《四库全书》，在封面设计上以黄色调为主，图片不仅运用了中国帝王的图像，还将中国传统龙图案以背景的形式融入其中，从而突显了中华传统文化的元素，使得整体书设计大气。由于其内容的综合性，在书脊上突出了分门别类的设计，便于读者查阅。

图6-7　《四库全书》

随着书籍设计艺术的不断发展，许多出版社加强了书籍出版的系统性和完整性。由美国著名历史学家阿慧·施菜辛格主编的大型人物传记丛书《昨天和今天的世界领袖》，由中国工人出版社出版。这套丛书在美国影响很大，全书共150册。丛书采用了精装的装订方式，整体设计大气、稳重，是一部集内容与审美为一体，极具收藏价值的书籍。每本书籍虽色彩不同，但其版面结构相同，使书籍的整体化设计十分强烈。

除了综合性丛书，还有专门性丛书，比如图6-8所示的"地中海史诗三部曲"，是英国历史学家罗杰·克劳利创作的关于地中海历史的三部著作的集合，它们分别是《1453：君士坦丁堡之战》《海洋帝国：地中海大决战》和《财富之城：威尼斯海洋霸权》。这套丛书的封面设计较为丰富，英文与插图巧妙地结合成为一体，并通过封面中背景图片颜色的变化将各类书名区分开来。从图中我们不难看出，这套丛书通过统一的标题文字，版面等细节设计，自成一套，体现了其系列化的设计。

图6-8 "地中海史诗三部曲"

三、文集的一体化设计

文集是指个人诗文作品的汇编，大体上分为词曲、评论、总集、别集。文集通常在内容的安排上较为丰满，因此通常被编著成基本连续的书籍，即一套多册。在封面设计上，其风格、版式、版面通常相同，唯一有区别的是书的序号。文集类的书籍封面主要运用文字编排的形式，且整体较为简洁，有时还会加入一些图片来衬托。由于文集一套多册的特点，因此为了在售卖时防止分散，通常会设计封套。

在我国西汉时期王逸编制的《楚辞章句》就属于中国早期的文集，其内容较多。图6-9所示，是现代出版的《楚辞章句》，由于内容多，且分册，所以编排成一套多册。这几本连续的书籍在封面设计上，其风格、版式、版面通常相同，唯一有区别的是书的序号。封面采用蓝色为主，设计简约大方，背景采用中国传统风格的纹样，凸显出了古典风格。图6-10所示，现代出版的宋代郭茂倩《乐府诗集》，这套书籍的封面设计以绿色和黄色为主，并运用色块的变化来呈现古代乐舞的图案，从而使得整书在设计上更加有层次感。版面的书名则运用书法字体，从而突出该书的文学气息。如图6-11所示，《聊斋志异》的封套设计十分古朴，文字的编排构成了封套的版面，整体显得简洁大方。

图6-9 《楚辞章句》

图6-10 《乐府诗集》

图6-11 《聊斋志异》

此外，文集类书籍统一运用清新淡雅的色调来衬托书的文学性，由于内容较多，内页设计对于图片的运用较少，通常以文字编配为主。在设计时要考虑读者在阅读上容易产生视觉疲劳问题，这就需要对于文字的行距设置以合适的宽松行距为主。

四、类书的系统化设计

类书是指采编群书，辑录各门类或某一门类的资料，按类加以编排，以便于寻检、征引的一种工具书。有集录各科资料于一书的综合类和专收一门资料的专科类两种。与丛书不同的是，类书的编著内容量和种类十分庞大，在古代，类书多为皇家编著，是一套规模宏大的百科全书。

现存著名的古代类书有《艺文类聚》《太平御览》《永乐大典》和《古今图书集成》等，其中，《永乐大典》最为出名。如图6-12所示，在书籍的装订方式上，《永乐大典》采用了大开本、精装装订；封面版面设计十分简洁，色彩古朴；文字编排采用了古代常用的竖式编排方式；整体设计大气、简约；在书籍内页的版面设计中，以文字编排为主，图片为辅。

图6-12　《永乐大典》

我国出版的《中华大典》字数为《永乐大典》的两倍，取代《永乐大典》成为最大的类书。如图6-18所示，该套书采用了精装的装订方式，封面采用仿皮革材质，烫金的边缘线条设计，书脊上的烫金网线使封面更高级，有设计感。

第二节　立体书籍的设计

一、立体书籍的释义

立体书也被称为弹出式可动书，主要是在书籍内页的翻阅过程中，根据内容需要设置各种纸结构造型，让平面的图文内容立体化或可活动，给读者带来新奇有趣的阅读效果。立体书和一般的纸艺作品不一样的地方，主要在于其可读和可动的特点。

立体书虽然会应用到纸艺中的一些手法和表现形式，但在翻阅的过程中，除了体会到新奇、有趣的视觉效果与美轮美奂的审美体验外，读者还能从中把握完整的信息内容，并在阅读中体验到平面转立体或静态到动态的互动乐趣。这些都要配合纸艺、纸工程或其他综合材料等技术手段实现，但最终的立体书作品却不仅是纸艺之美，更是互动之乐。目前，立体书一般在儿童类书籍中应用较为多见，其制作成本较高。

二、立体书的发展简史

（一）立体书的起源

13世纪的一天，英国修士马修·派瑞斯在书房里编撰《英国编年史》。他要计算一些基督教重大节日的日期，于是搬来一大摞记载相关资料的手抄本。由于手抄本上的相关资料都记载在一个个环形表格里，马修·派瑞斯必须时不时地转动手抄本，有时还需要把脑袋左转转，右转转，时间久了脖子就非常酸痛。休息期间，马修·派瑞斯灵机一动，想到了一个点子：他把手抄本上大小不同的环形表格分别抄写到羊皮纸上，然后把羊皮纸剪成大大小小的圆盘，并按大小顺序用棉线串起来，贴在手抄本上，这样不用频繁地转动脑袋和手抄本，只要用手转动一个个圆盘就可以轻松地阅读上面的内容了。

除了转盘，马修·派瑞斯还发明了翻页。他将这两项发明大量应用在《英国编年史》中，这本书因此成为史上最早的立体书。

马修·派瑞斯为自己的这个点子高兴不已。也许当时他还不知道，自己的这个小发明成了史上第一个立体书机关——转盘。

（二）早期立体书

一些学习者可能会产生疑问：转盘和翻页的应用都没有使书呈现出立体感，为什么这种书被称为"立体书"呢？这里必须说明一点：早期立体书只是可以互动的机关书，直到后来才慢慢出现形式多样、立体感十足的立体书。

马修·派瑞斯发明的转盘和翻页，早期只被应用在成人专业书籍中，如转盘被用于天文学书籍，翻页被医学界和生物学界用来制作具有动态展示及解剖效果的解剖教科书。

随着童书市场的崛起，英国人罗伯特·赛尔于1765年出版了史上第一本儿童立体书，从此，立体书逐渐与童书产生关联。从1765年到1840年前后是立体书发展的草创时期，立体书的纸艺技法和出版商都还不太成熟，立体书也只被当作玩具书来看待。

（三）立体书史上的"四大天王"

从1840年前后到第一次世界大战之前的近100年里，是立体书发展的黄金时期。这一时期，欧洲涌现出众多立体书出版商和设计者，其中以英国"迪恩父子公司"拉斐尔塔克父子公司"、德国"欧内斯特尼斯特公司"及梅根多佛这"四大天王"最为杰出。四者之间激烈地竞争,后浪推前浪,把立体书的发展推向了第一个高峰。

1. 迪恩父子公司

迪恩父子公司是史上第一家大规模出版立体书的公司。它发明了"拉"技术,并开发出了众多新颖的立体书形式,如洞洞书、场景式剧场书等。后来由于创始人乔治·迪恩因病退出公司业务,迪恩父子公司逐渐走向衰落。

2. 拉斐尔塔克父子公司

拉斐尔塔克父子公司成立于1871年,起初专门印制圣诞卡片,业务扩大后开始涉足儿童立体书市场,挑战迪恩父子公司的霸主地位。该公司出版的书在立体书技术上没有太多创新,主要以出版丰富题材的立体书取胜,尤其是乡间、海滩及农村生活这三大主题的立体书,在其主导下成为当时立体书的主流。

3. 欧内斯特尼斯特公司

欧内斯特尼斯特公司于19世纪90年代进军儿童立体书市场,与拉斐尔塔克父子公司相抗衡,他比后者贡献了更多的技术创新,发明了层景书、转景书等新的立体书形式。由于第一次世界大战的影响,它和拉斐尔塔克父子公司均遭到毁灭性打击。

4. 梅根多佛

梅根多佛被欧美学者公认为立体书界最具创意的天才,他发明了多重可动机关,还出版了史上第一本娃娃屋书。1996年,美国立体书协会用这位天才的名字成立了立体书界最高奖项——梅根多佛奖。该奖每两年颁发一次,授予两年内出版的最优秀立体书的创作者。

(四)弹起式立体书出现

第一次世界大战之后,同很多产业一样,立体书产业也进入了萧条期。1929年,英国为了重振立体书市场,推出了一套全新的立体书——《每日快讯儿童年鉴》,这套书就是我们现在司空见惯的弹起式立体书。1929年也因此成为立体书发展史上的分水岭,从这一年开始,立体书逐渐朝着弹起式立体书的设计方向发展。随着《每日快讯儿童年鉴》的推出,立体书市场在欧洲再度繁荣,但没过多久又被第二次世界大战中断,直到后来在美国再度复兴。

(五)立体书的美国时代

1932年,弹起式立体书传入美国。美国蓝丝带出版社出版了大量以传统童话故事为题材的弹起式立体书,使弹起式立体纸艺在美国家喻户晓。蓝丝带出版社还首次将"pop-up"注册为商标。今天,"pop-up"在英文中仍然是立体书的代名词。直到这个时期，立体书上还只署文字作者和插画家的名字，没有纸艺创作者的名字，使纸艺创作者在立体书上拥有署名权要归功于美国立体书之王杭特。

渥多·杭特是20世纪60年代一家广告公司的创办人。有一天，他在纽约的一家玩具店里看到捷克立体书大师库巴斯塔的立体书，为之深深着迷，决定涉足立体书产业。起初，杭特主要为客户制作立体贺卡，后来公司被收购，他便在洛杉矶创办了专门制作立体书的"视介传播"公司，这是当时全球最大的立体书设计和制作公司。

（六）捷克国宝——立体书大师库巴斯塔

在杭特之前，立体书的出版都是一条龙作业，设计、生产、销售都由出版社一手包办。杭特改变了这种格局，他的公司只负责立体书设计，而印刷、组装等工作则由日本、新加坡、哥伦比亚等国的印刷公司代工。除了改变立体书的生产格局，杭特还发明了"纸艺工程师"这个头衔，让纸艺创作者可以像文字作者和插画家一样在书上享有署名权。杭特创办的"视介传播"公司还是很多国际立体纸艺大师诞生的摇篮。

立体书虽然是图书中一个比较小的领域，但其悠久而波澜起伏的发展历史不能不令我们感慨和惊叹。由于篇幅的限制，这里不详细论述，如果学习者还想了解立体书发展历史中的更多细节，可以参考杨清贵先生的《立体书不可思议——立体书简史与收藏指南》。

三、立体书的功能

立体书籍的设计通常以立体化的图像为主，文字仅仅是起着辅助图像说明的作用，这样可以使书籍的内容情节更能吸引读者，也更容易让读者所了解。立体书籍除了具备平面图书的艺术性外，同时讲究排版的创意构思，注重阅读的趣味性、版面的和谐性、立体造型的美感性、材质与技法的新颖表现，还有设计者风格的独特性以及印刷和手工的精巧性等。因此，立体书籍的创作过程从构思、草稿、设计、完稿、印刷到纸张工程，其版面的构成与美感的呈现与平面图书相比更具挑战性，也更具艺术性。

立体书籍强调其"互动性"与"操作性"，不同于静态的图书，其通过折合、跳立等立体造型与可移动式设计进行展示，书籍的内容须经读者亲自操作才能得到展现。页面之间的效果突破了以往的平面排版思维，给读者带来了更多的想象力。因此，立体书籍的功能除了以生动和创意的方式描述内容外，还可以引导读者由立体书籍版式设计及纸张的折叠和切割的变化，引发视觉上的注意力，以娱乐的方式进行阅读，对发散性思维的激发和创造力的启发起到很大作用。

四、立体书籍的设计形式

根据造型结构上的设计，立体书主要有以下几种设计形式。

（一）翻页式与折叠式立体书

翻页式立体书籍的页面以水平或垂直分割成若干面，使插图可以任意安排，产生许多不同寻常并且奇特的组合。

折叠式立体书是一种相当传统的立体书籍技法，其特点是书页为上下对开，不同于一般的左右对开。因此，在阅读时必须把页面翻开呈垂直状，才能完全呈现立体效果。

（二）旋转式与插页式立体书

旋转式立体书可以分为场景与模型。场景类属于传统技法，跟一般立体书籍一样，将故事剧情分割成不同场景；模型类则指近代普遍用来制作城堡或房屋场景的类型。这种形式的立体书籍特点是必须把书直立，然后把书本封面往封底折起，待封面与封底靠拢后形成柱状，展现出许多具有层次的景致局部，就像迷你的旋转舞台。它不是翻着看而是转着看，有时还会结合拉杆，利用拉动杠杆在场景外再加上图形、动作等变化。

插页式立体书是把缩小版的立体书页摆在页面左、右两侧，偶尔也会摆在上、下两侧，属于独立的元素。其主要目的是在不增加立体书页的前提下，纳入更多内容与纸艺。立体书籍基本上以场景纸艺为设计中心，以致细部无法兼顾，这时插页式便能发挥补充说明的功能。

（三）观景式与全景式立体书

观景式立体书籍的页面翻阅方式分为平面和立体两种。平面翻阅类属于早期传统技巧立体书，经由切割设计，让读者可以在平面的页面上拉起一个密闭盒子式的平行场景。后来，经过折叠设计还发展出可以翻出橱窗形态的装饰场景，场景由多个层场景片前一后间隔平行排列构成，就像立体舞台上的布景。有些剧场般的场景需要用手拉起，有些则是翻页时用拉杆将场景拉撑。

全景式立体书籍的装订呈屏风式折页结构，展开时可以同时看到多页连接成一个超过180°的全景视野。有的书还在展开页的基本结构之外，加上多层次的透视效果。

五、案例分析——创意立体书

建筑师大野友资以经典童话《白雪公主》为主题做了立体书《白雪姬》（图6-13），场景是一棵大树，故事就笼罩在繁茂的枝叶下。以色彩调性来看，《白雪姬》

的气氛很明显的一分为二，纯白的光明面和深暗的邪恶面，虽然从照片角度看不见另一边的模样，但想必只要除了巫婆之外的角色，例如公主、矮人们、兔子，或许还有王子，应该都会挤在那边吧。

图6-13 《白雪姬》

要说到最常被当成灵感来源的日本元素，富士山肯定榜上有名，设计师们透过她得到源源不绝的创作灵感，转化成各种的主题设计，人们经由这些设计，也等同于看到富士山在自然地景之外所衍生的各种姿态，屡次都能激发出新的惊喜。日本建筑师大野友资（Yusuke Oono）就受到富士山的感召，设计了一款特殊的纸雕立体书，打开后将封面和封底合在一起，就变成一个精致小巧的圆柱体桌饰，从各个角度都可以欣赏到作品的内页（图6-14）。

图6-14 纸雕立体书

图6-15所示为《欢乐斗地主纪念册》pop up book，该设计为站酷的比赛，是为腾讯游戏"欢乐斗地主"做的衍生品创意，本作品获得了全场一等奖。

图 6-15 《欢乐斗地主纪念册》纸雕立体书

第三节 概念书籍的设计

一、概念书的释义

概念书设计是书籍设计中的一种探索性行为，以概念为设计切入点，启发积极的创新性思想，突破思维意识的习惯。因此，从表现形式上，概念书籍的设计提供了多元化的方法，为未来书籍的设计提供了一个引导方向。进行概念书设计，关注的是对传统形态的颠覆、反思以及反常规应用，由此引发思考或调动感受。学生进行概念书设计，可以深入思考书籍设计的方方面面，启发创造性思维。

二、概念书的作用与设计要求

概念书是对传统书籍设计的颠覆与再思考，往往让人去思考书籍究竟是什么。对于读者而言书籍是那种方方正正翻页的形态结构，还是阅读信息的载体，或是禁锢图文的方框，还是读者经验的再现。种种思考，反映在概念书中，就构成了许多似是而非的形态结构，呈现为丰富多样的阅读或观看体验。

现代艺术家和设计师将书的概念扩大，创造出了具有试验性的艺术作品或设计作品。而概念书籍设计正是书籍艺术形态在表现形式、材料工艺上进行前所未有的尝试，强调观念性、突破性与创造性的视觉设计，以崭新的视角和思维去表现形态，更好地表现书籍的思想内涵。

在国内，概念书籍设计尚不多见，处于起步阶段。设计概念书籍，要求设计师必须有熟练的专业技巧、超前的设计理念，还必须有良好的洞察能力，需要站在更高的视角点上。书籍设计大胆的创意、新奇的构思往往能给人留下非常深刻的印象，有些书籍的形态超乎想象，这种概念书籍的特别之处在于它的外在形态与材质。

三、概念书设计的要素

概念书籍的创意与表现可以从它的构思、写作到版式设计、封面设计、形态、材质、印刷直至发行销售等环节入手；可以运用各种设计元素，并尝试组合使用多种设计语言；可以是对新材料和新工艺的尝试；可以采用异化的形态，提出新的阅读方式与信息传播接受方式；可以是对现代生活中主流思想的解读或异化；可以是对现有书籍设计的批判与改进；也可以是对过去的纪念或是对未来的想象；还可以是对书籍新功能的开发。在概念书籍的设计中，无论是规格、材质、色彩还是开合方式、空间构造等，都没有严格的规定或限制。

（一）材料的运用

概念书籍的材料运用较为丰富。它既可以是生产加工的原材料，如金属、石块、木材、皮革、塑料、纸、蜡、玻璃、天然纤维和化学纤维等，也可以是工业生产加工后的现成用品，如印刷品、旧光盘、照片的底片、布料以及各种生活用品等，还可以通过各种实验来创造新的材料，如打破或重组常见的或废弃的材料，使之构成新的材料语言，产生新的观念和精神。图6-16所示为"钢铁森林"概念书籍，选用钢才作为材料。该设计让读者了解立体的、三维艺术的观念。设计能传达一份力量，唤醒人类生态精神。

图6-16　"钢铁森林"概念书设计

（二）设计形态

概念书籍的形态是没有定式的，它可以突破六面体的旧形式，通过各种异化的手段，创造出令人耳目一新、独具个性的新形态书籍。图6-17所示，刻有文字的木块组合叠加，可进行翻转变换，打破传统的阅读模式，增强了娱乐性与互动性，使观者参与其中，体验视觉、触觉的双重感受。

图 6-17 "刻有文字的木块组合叠加"概念书设计

（三）功能

形式服从功能，功能也是书籍的重要属性。在瞬息万变的现代社会，书籍除了为人们提供方便的阅读、记载信息和传承文化以外，其概念和功能还可以进一步开发和延展。图 6-18 所示，《秋·诗》这组书籍概念设计作品用烛光拟比阳光，放入许愿瓶中，将光线聚拢。瓶身旁散落下秋日的枯叶，营造秋日的氛围。许愿瓶上分别是戴望舒的《秋天的梦》，海子的《秋日黄昏》和痖弦的《秋歌——给暖暖》，将书籍的内容结合设计氛围，一目了然。

图 6-18 《秋·诗》

概念书籍不受条条框框的制约，在创意上注重纯艺术的探索，这些作品思路开阔，无拘无束，创意大胆，给我们以后的学习带来很多启示。许多新颖的概念书籍虽然无法出版发行，可是这并不影响我们对书籍形态的探索。

但是，对概念书籍的设计我们必须做到：1. 能只追求外表的形态表现；2. 保持阅读的功能；3. 内容和形式的结合。

书籍的最终目的是阅读，如果我们的设计只一味追求"怪异"的形态，展示外形，失去书籍的本质，也就失去了概念书籍设计的意义。概念书籍探索的重点不是表现在外形上，而更多的是从书籍深刻的内容出发，将概念书的创意真正做到形式和内容完美地融合在一起。

（四）互动性

互动性设计使人们在阅读书籍时充满了乐趣。在德国莱比锡"2007 年度世界最美的书"评选中荣获铜奖的中国书籍《不裁》装帧非常特别，是一本边看边裁的书。书页下切口是锯齿形的毛边，书的内环衬页"挖"出一枚长长的刀形纸片，既可当书签，也可撕下作裁纸刀。这片纸做的刀是用来裁开书页的，因为该书的插页是需要自己裁开才可以阅读的。用设计者自己的话说"裁开牛皮纸印刷的对折页，就像推开一扇门。"这种边裁边看的设计，符合毛边书"原生态"的风格。该书让读者边看边裁有一种短暂的等待和喜悦，比那种随手可翻随处可读的文字多了一份阅读审美过程和趣味。当读者读完全书后会发现书的质感发生了变化，因为书由手工裁开，翻口的那种参差不齐的瑕疵给人一种残缺美的视觉享受。随着页面的打开，每一个英文字母也随之立体的字母书给读者带来互动的快乐。

四、案例分析

（一）概念书籍《蓝印花布》

概念书基础上的增强现实整合设计《蓝印花布》。

展示形式：纸质概念书+iPad端增强现实动态设计+创意海报。

设计思路：

书籍作品以中国传统文化"蓝印花布"为主题进行创作。在内容上，分别从蓝印花布的源流、工艺以及特点等方面进行介绍，并插入部分与其相关的主题诗句进行烘托。在表现形式上，以水墨画、蓝印花布以及相关图像为主要素材，将蓝印花布与水墨图形相结合进行再创作。

相对于传统书籍来讲，概念书的制作具有更多的新颖的变化和表达方式，为读者带来了具有创新性且更具吸引力的阅读体验。本作品意在介绍蓝印花布，宣传蓝印花布。系列作品由纸质概念书，动态设计和创意海报共同组成，巧妙的将蓝印花布的独特之处展现出来。

设计内涵：

将蓝印花布与水墨画相结合的设计灵感来自曹舒天先生关于蓝印花布的水墨画，这种全新的组合方式突出了蓝印花布，也吸引激发了我的设计热情……于是决定将蓝印花布作为此次创作的主题。

制作方式

使用indesign、photoshop、Adobe After Effects等软件进行设计。

图6-19 《蓝印花布》

（二）用金属做封面的"概念书"

在特拉维夫的以色列国土博物馆（muza eretz israel museum）里，曾举行名为on the edge的纸张艺术展，neil nenner和avihai mizrahi的作品"封面故事"就是参展作品之一。书是本次展览的组成部分，也构成了本次展览的文化根基，是由产品设计师和平面设计师共同制作而成的，他们之间的合作集中体现了书的本质，他们设计出来的书与我们熟悉的书的原型相一致，既保留了书的实际外形，又透露出一定的概念性。

该系列采用考特钢作为书的封面，使得金属和纸之间产生了一定的联系，设计师neil nenner和avihai mizrahi对一些设计论点进行了考察，例如紧固vs松弛，束缚vs自由，结构vs材质，热vs冷。在许多情况下，这些角色都反转了。例如金属变成了软软的、像纸一样的封面，堆得高高的纸反而变得紧固而且无法阅读。这样的反转在物料加工的过程中也会发生，例如要用锯子去切割一堆纸，把金属进行折叠和滚圆处理，加工成像一张纸一样。这样的设计让作品处于中间状态，看上去既实际又概念化，该系列使用考特钢作为封面，使得金属和纸张产生了一定的联系，neil nenner和avihai mizrahi集中体现了书的本质，成品与书的原型相一致。

在我国目前的书籍流通中，概念书尚未正式登堂入室。但概念书的设计非常具有现实意义，它引导着现代书籍设计的发展。

第四节　电子书籍的设计

一、电子书籍的释义

电子书是新时代科技的产物，也是书籍的一种外在形式，是采用了电子载体的一种阅读模式。电子书籍是以互联网和其他数据传输技术为流通渠道，以数字内容为流通介质，综合了文字、图片、动画、声音、视频、超链接以及网络交互等表现手段，同时以拥有大容量存储空间的数字化电子设备为载体，以电子支付为主要交换方式的一种内容丰富生动的新型书籍形态。

电子书有时甚至可以增加背景音乐等丰富的多媒体感受，来帮助读者达到更舒适的阅读效果。如图6-20所示，阅读者可以根据自己的阅读习惯进行设置，并能够添加书签或者是分享到自己的微博空间，与自己的好友共同分享读物。除此以外，还可以设置全屏阅读模式，体验更有视觉效果的阅读方式，并能通过进度条以及目录选项，快速了解自己阅读的进度并进行页码定位。

图6-20　宜家电子书设计

二、电子书籍的功能与特征

（一）电子书籍的功能

无论是纸质材料作为传播载体的传统书籍，还是现代以电子媒介为载体的电子书籍，它们的主要功能都是向人们提供阅读。但电子书籍与纸质书籍的不同之处在于除了提供读者书籍阅读功能的同时，还利用电子媒介自身这一的特性，让读者从单一的视觉感官之中转变过来，通过声音、动画、视频等多媒体手段，让读者能够最大限度地参与和融入，实现书籍与读者的"互动"，为读者提供一个三维立体的感受空间。

（二）电子书籍的特征

电子书籍以互联网为流通渠道，将传统的书籍出版发行方式在计算机网络中实现，区别于传统的纸制媒介的出版物：具备图像、文字、声音、动画等多媒体结合的优点；可检索，可复制，突破印数的制约；在印刷发行流程中的成本将极大降低，有更高的性价比；便于携带；有更大的信息含量等。综合起来，其特点如下：1.阅读起来更便捷，表现效果丰富；2.成本较低，传播效力高；3.传播的空间大，效率高；4.储存与传播的时间长。

三、电子书籍的设计元素

（一）版面设计

电子书视觉主要是通过电子书的版面设计来传达设计信息的，所以版面设计必将成为电子书籍设计的主要元素。专业化的版面设计更能够为阅读者带来美的享受，丰富阅读者的阅读感受；同时更加人性化的阅读体验，也将为电子书籍的发展带来更加广阔的前景。

1.版面的构思

为了使排版设计更好地为版面内容服务，达到最佳诉求、寻求合乎情理的版面视觉语言是十分最重要的。构思立意是设计的第一步，也是设计作品中所进行的思维活动。只有主题明确后，才可以更好地进行版面构图布局和表现。

2.版式

电子书籍的画面尺寸则以数码工具的视屏界面大小而定。以个人电脑为例，电子书籍的版面设计包括1024×768、800×600、1280×1024等像素尺寸的画面。

电子书籍的版面设计除了包含传统纸质书籍的元素外，还增加了属于导航系统的构成要素和动态构成要素。导航系统主要由三类组成：（1）链接按钮；（2）公共关系按钮；（3）互动式按钮。

（二）交互设计

除了静态、直观的版面设计外，电子书籍的丰富表现形式为电子书籍的交互式体验设计奠定了基础。在深刻理解阅读本质后，合理、有效地运用各种媒体技术，将电子书籍内容以不同方式呈现给读者，是扩大电子书市场的一个重要因素。图6-21所示为免费阅读PDF格式电子书的阅读器，和其他的电子书APP相比它就比较特殊啦，现在电子书的格式大多是PDF格式，这个PDF阅读器刚好派上用场，在阅读的过程中可以做批注，添加书签，同时也可以把精彩部分分享给小伙伴，让阅读更有趣。

图6-21　电子书的交互设计

四、新媒体时代下的电子书设计

（一）全国移动阅读电子书格式标准发布

2018年10月22～23日，由中国出版协会等单位主办的中国数字出版创新论坛在京举行。在23日上午的议程中，全国移动阅读电子书格式标准正式发布。国家新闻出版署、中国版权协会、中国音像与数字出版协会、中国新闻出版研究院等单位领导出席本次论坛并作标准发布，包括咪咕数字传媒有限公司、天翼阅读文化传播有限公司、联通沃悦读科技文化有限公司、掌阅科技有限公司、中文在线数字出版集团、北京幻想纵横网络技术有限公司等行业单位共同见证。

该标准在总局《电子书内容标准体系》等行业标准的技术上进行细化，对阅读业务开展中内容提供方与平台间的内容交换所使用的格式提出了约束、规范及发展方向的要求。通过对标签场景定义的细化，对元数据定义增强的细化及包封装格式的按章独立，制定出一个开放的移动阅读电子书内容交换格式，实现一次制作多平台流通，促进实际业务高效运作。截至目前，已有318家出版单位在使用；2228本出版内容已符合规范；734家原创单位已经发布新版本离线制作工具，并陆续替换中。

据悉，经过近二十年的发展，电子书已经成为我国数字出版最重要的产品形态，根据《2017中国数字阅读白皮书》报告显示，2017年数字阅读行业规模达到了152亿，种类已超15783万种，其中基于移动端的电子书阅读逐渐发展为国人重要甚至于是主要的阅读方式。目前我国关于电子书近20项标准已严重滞后于电子书技术和产业的发展，难以对电子书产业的进一步发展发挥引导和支撑作用。

为加强电子书产业的标准化建设，进一步完善电子书标准化体系，根据国务院《深化标准化工作改革方案》（国发［2015］13号）的有关要求，全国新闻出版标准化技术委员会联合中国音像与数字出版协会，于2018年4月份的中国数字阅读大会上发起成立"全国移动阅读电子书格式标准联盟"，协调电子书产业链各方（内容提供商、技术服务商和终端硬件制造商等）共同制定、实施满足市场和创新需要的标准，促进成果转化，提高产业技术水平，推动出版融合发展，创造良好社会效益。

经过近半年的多方联合努力，现《移动阅读电子书格式标准》正式发布，这一标准的推广应用将有效促进数字阅读行业达到"一高一低"，即提高产业发展水平，降低行业准入门槛，加快数字阅读产业成果转化，创造良好社会经济效益。

（二）电子阅读设备——Kindle

Amazon Kindle是由亚马逊Amazon设计和销售的电子阅读器（以及软件平

台）。用户可以使用该设备通过无线网络使用Amazon Kindle购买、下载和阅读电子书、报纸、杂志、博客及其他电子媒体。Kindle版本众多，主要包括电子书和平板电脑两大类别。我们通常说的kindle电子书，是使用e-ink技术的便携式电子书阅读器；kindle平板主要是kindle fire系列，是7寸和8.9寸彩色平板电脑。

以全新焕彩Kindle Paperwhite为例，列举其优势。1.首次采用墨水屏更胜纸书，配备6英寸300ppi超清电子墨水屏，文字显示堪比激光刻印，带来媲美纸书的阅读体验。2.内置5个阅读灯，屏幕亮度较上一代提高10%且光线分布更加均匀，让您随时随地享受美好阅读体验。3.全新焕彩Kindle Paperwhite具备防水溅功能。使用者可以轻松享受在水边自在阅读一例如沙滩上、泳池旁或浴室里等，这是传统纸质书不具备的优势。4.全新焕彩Kindle Paperwhite的黑白调换功能可以对屏幕上的文字、图片等内容进行颜色对调，方便使用者在夜晚时间舒适阅读。5.该电子设备还内置13种中英文字体，字体大小可以随意调节。6.Whispersync功能可以实现在多平台之间（需要连接WiFi）的无缝同步阅读进度。7.一些英文书籍，生词提示现已全面支持英英/英中行间翻译，此功能可以有效的帮助读者更快的阅读英文书籍，无需停顿翻查词典。点击中文任意单词或选择语句段落，即可通过必应（Bing）翻译工具实时将文字翻译成其他语言，比如英语、日语、西班牙语等。8.使用者可以在Kindle Paperwhite上添加、编辑读书笔记。使用者还可以标注喜欢的章节，分享到微信、新浪微博，并看到经常被其他读者标注的章节。9.快速浏览全书，可随时翻到某页或者章节，也不会丢失当前浏览进度。10.在支持此功能的中文电子书中，开启"生字注音"功能，即可在汉字上方显示拼音，帮助读者了解该汉语读音。还可以根据不同的汉语水平，调整拼音显示的频率。博览古今中文书，简单轻松"读"汉字。11.不用再担心冗长的英文人名、地名记不住。X-Ray能够帮助读者快速了解主要人物，地点，事件，掌握所读内容，方便理解全文，还可以通过图片轻松在书籍内跳转。12.更个性化的主页设计——Kindle Paperwhite的新界面可以帮助使用者获得更多的信息。在主屏幕做上滑动作，将会看到多条信息卡，可为Kindle用户个性化推荐书籍，包括最新畅销书，Kindle Unlimited电子书包月服务和Prime阅读的精选电子书内容，还可以自动识别新的Kindle用户，并提供有效的提示和建议，以方便快速上手使用Kindle电子书阅读器。

（三）电子书APP

1.电子书APP行业发展现状

电子书可以说是较早拥抱移动互联网的一类app，在早期凭借便捷的阅读体验和丰富的内容迅速收获了大批用户。随着文学、小说等内容逐渐成为重要的IP来源，许多巨头和资本纷纷入局，电子书app行业也迎来了蓬勃发展。

极光大数据的统计结果显示，电子书app的行业渗透率在过去一年有所增长。截至2018年7月份，电子书app的行业渗透率为30.4%，较去年同期增长了4%。截至2018年7月份，电子书app的行业用户规模达到3.34亿。

作为一类典型的内容平台，独家内容的储备可以说是各电子书平台最重要的护城河，每个平台都会在独家版权的获取上倾注大量资源。这也意味着用户可能需要同时使用多款平台，才能覆盖所有心仪作品。

更新至2018年7月份的用户安装数量分布结果显示，有68.93%的用户会在设备上安装1款电子书app，安装数量为2款的用户比例为19.47%，还有11.6%的用户会在设备上安装3款及以上的电子书app。

根据极光大数据的统计结果，过去一年电子书app的用户整体性别分布并未出现显著波动，女性用户的占比始终略高于男性。截至2018年7月份，电子书app中女性用户的占比为52.2%，男性用户为47.8%。

截至2018年7月份，电子书app中年龄在25岁及以下的用户占比为40.6%，较去年同期下降2.6%。26～35岁用户占比42.6%，较去年同期微涨0.3%。36岁及以上用户的占比为16.8%，较去年同期增长2.3%。

用户城市等级分布结果显示，截至2018年7月份，一线、新一线和二线城市在电子书app用户中的占比依次为9.6%、18.3%和17.8%，较去年同期均有不同程度的增长。尽管在占比上有所下降，但分布在三线及以下城市的电子书app用户占比仍达到54.3%。

极光偏好指数显示，多看阅读、掌阅和QQ阅读成用户最偏好的电子书app，随后是书旗小说、百度文库和微信读书。追书神器、搜狗阅读、百度阅读和咪咕阅读也成功跻身用户最偏好电子书app前十榜单。

在教育学习app中，电子书app用户偏好度最高的是网易有道词典、百词斩和网易公开课。在网络购物领域，最受电子书用户偏好的app是闲鱼、苏宁易购和天猫。而网易云音乐、虾米音乐和QQ音乐则成为最受电子书app用户偏好的数字音乐app。

2. 电子书app软件——以Apple Books为例

Apple Books是一个"标准"的电子书阅读器，其功能布局和操作方式被后续诸多电子书阅读器借鉴。

AppleBooks是iOS系统自带的电子书阅读app，主要支持ePub和PDF格式，功能和可定制项很少，但它对ePub规范的支持比较完善。如果你喜欢自己掌控书源和书库，只想安安静静地读书，用它还是不错的。它的优点主要体现在以下几个方面。

（1）设置。Apple Books的有些设置项被放在系统设置中，需要在阅读前设定。这些设置项都很好理解，无须赘述，所以这里只说一下两个需要留意的项目。

2. iCloud云盘。因为PDF电子书常常是图册或扫描版，体积较大，如果这类书多，对云盘的空间占用会很大。这样还不如用iTunes或iMazing分别传输到各设备上。

3. 用两边的页面空白来翻页。这个选项的表述其实有误导，在关闭它的时候，点页面左右的空白分别会翻到上一页、下一页；在打开它之后，无论是点左边还是右边，都只会翻到下一页。屏幕亮度、字体字号、背景颜色和翻页方式在Apple Books的阅读界面随时可调。

4. 阅读。如果有正在阅读的图书，Apple Books启动后会自动进入阅读界面，并全屏显示，让读者即时进入阅读状态。在全屏阅读界面轻点，Apple Books会显示界面上下方元素）。要在书中前后跳转，可以通过目录、书签列表、笔记列表或者关键词搜索。不过，为了能够返回到当前页面，最好先添加书签。长按选择文字，通过弹出菜单实现拷贝、查词典、标记、批注、查资料、共享等操作。

5. 导出批注。读完一本书后，如果要将所写的批注汇入印象笔记等资料库中，可点击阅读界面左上角图标前往笔记列表。

在笔记列表界面点左上角分享图标，在菜单中选择"编辑笔记"这时笔记列表项变成可勾选状态。点"全选"按钮，然后再点"共享"按钮，可以通过邮件发送批注。

笔记服务一般都支持用邮件添加笔记，比如印象笔记付费用户有"私有邮箱地址"（见《备忘录和印象笔记》）。将它复制粘贴为邮件的"收件人"（也可以将私有邮箱地址保存在通讯录中，方便选择）并点"发送"即可。

免费用户无法通过邮件将资料汇入印象笔记，此时可以全选复制邮件内容，再粘贴到印象笔记中。

6. 支持本地文件的阅读器。在iBooks推出的同时，第三方电子书阅读app纷纷出现。这些早期出现的电子书阅读app有些由个人开发，是纯粹的本地文件阅读器；另一些虽由大公司开发，但是因为初期书库有限而支持导入本地文件。

（四）VR电子书的出现

进入2018年，许多VR设备几乎均将VR指向了两个方向——降低使用成本、无线化。种种改进都让这项技术走进更多的家庭以及消费者，而这也将是未来VR改变人们阅读习惯的前提。现如今，VR技术除了在娱乐领域取得不俗成绩外，在军事、医学、工业设计等高端领域也发挥了举足轻重的作用。而VR+教育更是目前被公认的行业变现的突破口之一，除了传统课堂模式的改变外，阅读体验未来也将在这其中发挥着重要作用。

VR技术可以让平面的读物瞬间立体、生动起来，甚至让读者"走入"书中情境，与书中的人、物实时互动。VR技术创造了新的交互方式，并为我们带来了一种颠覆性的感官革命。

图书是静态的文字和图片，VR是全景的穿越画面，能把读者带入阅读环境之中。从趣味性和新奇性出发，对传统出版是一种有益补充。而图书丰富的内容，强大的营销渠道，又正是这一新技术推广所需要的。正因此，VR技术才可以和图书、出版物相结合。

2017年年底，Quantum Storey推出了一个VR图书应用"Operation You"。《Operation You》系列的首部作品《Morning Morning》描述了校车上的遭遇，该应用将传统印刷与VR/AR技术结合在一起，当读者翻开印刷书籍的书页后，该系列中的主人公Ray将会邀请他们下载搭配阅读使用的应用程序，并在附带的Cardboard中进行阅读。然后，读者就会化身书中主角Ray，在公车上探险、躲避雪球，在某些页面还能体验AR特效。其出版商称Operation You为"世界上第一本虚拟现实丛书"。

传统的书籍与VR、AR技术的结合可以让读者们看到角色活生生地出现在他们面前，或者使用谷歌纸板风格的VR头显，进入角色所在的世界，甚至成为故事的主角。

Quantum Storey不是唯一一家将传统书籍与VR、AR技术结合来创造沉浸式阅读体验的公司。此前，Curiscope与图书出版商Dorling Kindersley合作开发了《All About Virtual Reality》，嘻哈乐队黑眼豆豆与Oculus合作将will.i.am创作的漫画小说《太阳之神：僵尸编年史》（Masters of the Sun： The Zombie Chronicles）带进了虚拟现实。

"我们创造了一个全新的，令人兴奋的方式来体验传统的书籍，使读者能够通过从故事的页面进入虚拟现实，从而产生一种内在的相互作用，使读者具有了前所未有的连接到文本和插图的能力。"j.m Haines说。

在新的阅读时代下，VR、AI以及大数据将会促进阅读模式和产业创新的进程，并为读者提供更加便利实用的服务、促进内容展示并改善读者的阅读体验。

当然，以目前VR头显的普及率远远无法支撑这种新阅读模式。根据NESTA的研究报告称，目前全球只有不到1%的人拥有高端VR头显，而移动端的VR头显也还没超过6%。这也意味着，除非VR技术能够大范围扑向市场，否则VR用户的数量根本不足以吸引阅读"VR书籍"。但随着技术的完善以及时间的推移，VR普及只是时间早晚的问题。

而作为出版商来说，往往很少去尝试新的数字分销模式，因此为了吸引出版商从电子书或音频的模式转向VR，以现在的市场普及率是显然没有吸引力的。但VR技术在传统出版行业中的优势也是显而易见的：现在所被诟病的"库存问题""内容同质化"等痼疾都会随着互联网平台存储功能的逐渐强大、VR制作成本的大幅降低而得到改善，甚至是从根本上解决。

五、案例分析

（一）电子杂志《漫画世界》

《漫画世界》电子期刊是用名编辑电子杂志制作软件制作的。这本电子期刊在名编辑电子杂志大师里主要运用的特效有FLASH动画背景，等等。名编辑是一款集编辑与转换于一身的企业级翻页电子书制作软件，可以在软件里新建空白页面直接编辑制作翻页电子书；也可以导入PDF图片，以导入的内容作为翻页电子书的基础页面，再度进行编辑。名编辑可以制作高清翻页电子书，并且可以放大页面，也可以搜索文字内容。编辑制作好的翻页电子书，可输出HTML网页/html5手机版/*.EXE/*.APP（苹果电脑本地打开浏览）等格式。一次制作就可以实现同时在电脑、手机、平板上在线浏览。

《漫画世界》杂志是漫友文化传播机构整合动漫杂志、图书编辑制作、出版发行及国内外版权合作等资源优势，得以全方位展现的全新载体，拥有良好的市场发展前景和潜力，力争成为中国漫画业主导期刊，从而获得更广泛读者的追捧，开创全球华语漫画出版的崭新纪元！

（二）美国得克萨斯的无书图书馆

2013年美国第一个完全数字化的公共图书馆在得克萨斯州的圣安东尼奥开放，它将以苹果商店的设计为基础。这个无书公共图书馆Biblio Tech，位于圣安东尼奥的prototype site希望能向当地读者提供150个电子阅读器、50个计算机工作站、25台笔记本电脑和25台平板电脑。

Bexar县法官Nelson Wolff说，在阅读了苹果公司创始人史蒂夫·乔布斯的传记后，他受到了启发，开始从事这项工作。他把自己描述成一个拥有1000本第一版藏书的热心读者，他解释说，无书图书馆是对平板电脑和电子书兴起的及时回应。"书对我很重要，但世界正在改变，这是为我们的社区提供服务的最好、最有效的方式。"

图书馆用户可以在图书馆的任何设备上阅读书籍，可以在短时间内使用电子阅读器，甚至可以在自己的电子阅读器上加载图书。

（三）纽约地铁地下图书馆

地下图书馆是由三名来自迈阿密广告学校的学生提议的，目的是鼓励公众参观纽约公共图书馆的各个分支机构。他们在地铁上设立虚拟图书馆书架，这些图书架可以让纽约地铁乘客在智能手机上阅读一本书的前10页，然后指引他们到最近的图书馆去拿电子文档。

地铁上没有WiFi，此项目使用的是许多最新智能手机中可以发现的近场通信（NFC）技术，乘客可以免费下载他们选择的书的前10页。当他们离开地铁时，手机里会弹出一张地图，指出最近的图书馆分支机构，在那里他们可以拿到纸质书。

（四）纽约图书馆交互图书

纽约公共图书馆（New York Public Library）在Nstagram上发布了经典图书的版本和动画，鼓励数字一代阅读更多书籍。Insta系列小说是纽约公共图书馆（NYPL）新社交媒体计划的一部分，该计划将Instagram的故事功能转化为图书页面。用户可以像在电子阅读器上一样，直接在应用程序中浏览动画图像和文本，并且与他们所关注的故事进行交互。该图书馆聘请了纽约的广告和创意机构Mother来进行品牌推广，并寻找艺术家和设计师，他们可以为每一本书创造丰富多彩的视觉效果。《母亲》和《纽约时报》发表声明称，此举的目的是让世界上最经典的文学作品更容易为大众所接受。

Insta系列小说的刘易斯·卡罗尔的《爱丽丝漫游奇境记》由设计师Magoz设计动态图形首次发布。动画一开始是一个穿着蓝色裙子的金发女孩走向一个眼睛一样的设计，然后变成了一个移动的时钟。最终，图片会被文字所取代，文字就像一页典型的书一样，右上角都是数字。在书的右下方，留出了一个空间，供读者放置拇指，拇指会暂停阅读故事，这样读者就可以按照自己的节奏来阅读。

Instagram不知不觉地为这种新型网络小说创造了完美的书架，她的合伙人兼首席创意官科琳娜·法卢西（Corinna Falusi）补充说。从你翻页的方式，到你在阅读时拇指的休息位置，这种体验就像读一本平装小说一样，是不会弄错的。文本页面的背景是暖色的白色，而不是典型的明亮的蓝白色的智能手机屏幕，以保护眼睛。之所以选择Georgia字体，是因为它向印刷和数码文字的历史致敬。它是为屏幕设计的首批衬线字体之一，可以使长格式的文本更赏心悦目、更易于阅读。

第五节　书籍切口设计

书籍作为一个三维物体，有其自身的重量及尺寸。书籍的立体形态塑造不单是为了静态展示，而是为了通过人们的翻阅更好地实现信息传播与审美愉悦。在翻阅中，书籍切口呈现出多变的立体空间形态，对此加以合理有效地利用，势必扩展书籍的平面设计容量，为信息传达与审美愉悦的有机结合提供更为广阔的空间。

作为书籍设计者，我们应该具备动态的立体思维设计观，充分利用书籍切口这个表达创新思维、释放创意灵感的边缘空间。当平面的"二维"叙述上升为面与面之间连贯而统一的"三维空间"语言时，书籍设计的创意思维将由平面的版心向立体的边缘——切口不断蔓延。

书籍是平面的，更是立体的，然而长久以来，体现书籍立体形态的切口部分仍然大多以素面，即经过三边一次成型的裁切，不加任何修饰地呈现在人们面前。尽管有学者提出了书籍形态整体设计的理念，但系统的书籍切口设计方面的理论研究仍较为贫乏，需要新的理论来充实。

随着科技的不断进步，人们的认识水平不断提高，设计师对书籍设计的理解有了显著的提升。以往单纯的二维平面设计对于三维空间存在的书籍实体具有相对的不完整性。平面装帧观念存在片面注重封面包装、缺乏整体策划、外强内虚、装饰过度等诸多设计弊病。设计者更加看重书籍的内在书卷之美与外在形态之间的和谐统一。书籍设计是针对书籍形态的整体设计。现代书籍设计已突破平面，走向立体。好的书籍设计要充分发挥书籍各要素之间的关系，实现由表及里的完美统一。

一、书籍切口的定义

书籍切口即书页裁切的边。"切口"是构成书籍整体必不可少的部分，其中，与书脊相对的部分叫作"翻口"，也称为"外切口"；书籍上方的切口为"书顶"；下方切口为"书根"。"切口"是书籍在未被翻阅的状态下除封面、封底和书脊以外的其他三个面的统称，也即书本合上时书页边缘所组成的表面，它们对于书籍的整体性构成具有至关重要的意义。

二、书籍切口设计与书籍形态整体设计的关系

在传统的设计观念中，人们一直将书籍设计归于平面设计的范畴，视书籍设计为简单的封面与版式设计。笔者认为，书籍不像海报、宣传页等广告印刷品那样以单页或折页的形式呈现，它是由一定规格及张数的书页经有序折叠形成的具有一定厚度的三维实体，其自身具备了空间实体长、宽、高的三维特性。通常由封面展示的书籍长、宽二维特性是设计者关注的焦点，而由书脊与三面切口呈现出来的"高"这一维度却一直未得到书籍设计者的足够重视。书籍是具有三维空

间的可视物，从事书籍设计不但要关照二维平面，更应对位于书籍三度空间内的每一个细节部分都给予足够的重视，其中包括书籍切口。

书籍形态整体设计观念正是针对这种只注重封面设计的书籍装帧概念提出来的。它的提出为从事书籍设计工作的人们拓展了创意思维空间。切口作为书籍必不可少的组成部分，其设计也伴随着书籍形态整体设计观念的提出而被越来越多的设计者所关注。

整体是由各个局部有机结合而成的，往往书籍切口处的一个细节处理，便会为整本书带来意想不到的新奇效果。切口设计对于书籍设计的整体美起到至关重要的作用。当人们翻阅书籍时，切口部分首先转变为人们的视觉中心。随着书页翻动，切口处形成流动的空间，产生意想不到的视觉变化，它所呈现的美涵盖于书籍形态整体设计的和谐美之中。通过对书籍切口的创新设计，实现翻阅便利的同时，为读者传递了更为鲜活、立体的讯息。

长期以来，书籍设计仅仅局限于对书籍封面进行包装。随着科技的发展，印刷工艺不断进步，书籍的整体设计观念逐渐发展起来，更多的设计者开始注意到书籍的六面体结构。封面封底的展示面积最大，是书籍设计的重点，但从书籍立体形态的完整性来看，侧面也是书籍不可缺少的组成部分。没有侧面，也就没有了正面，书也不能称其为书了。书籍整体设计理念的推出使得设计者对于书籍切口有了越来越多的关注。书籍各局部的设计要服从并服务于书籍整体设计，切口设计亦如此。

三、书籍切口设计的实用价值与审美功能

"体现书籍内涵"应是书籍设计最重要的原则，我们不能为设计而设计、为出新而出新，要从整体上考虑书籍设计各个元素之间的主次关系。只有从全局出发，从整体考虑，才能让读者在吸取知识养分的同时，从书籍形态的整体设计中获得精神愉悦与审美享受。

台湾著名艺术家、建筑设计师赖声川先生在他所著的《赖声川的创意学》一书中指出："从基本生存的角度来看，创意源自生活的直接需求。"书籍切口经历着从无到有的演变过程，它的出现完全顺应了人们对书籍翻阅功能的需求，书籍切口设计应以满足功能需求为出发点和追求目标，做到审美与实用、形式与内容的和谐统一，只有这样才能让形式更好地服务于内容。书籍切口设计的实用价值与审美功能大致可以归纳为以下几种：

（一）减少边角污损

书籍印后的天头切口染色工艺，目的是预防和减少书籍垂直陈列时天头部位

被灰尘污染，这是从实用角度出发所采取的早期的书籍切口设计形式。书籍切口的三边往往一次裁切成型，此种裁切工艺使得书页翻口处两个书角在翻阅及上架过程中极易发生卷曲，造成书角损毁，既破坏书籍的整体美感，又不利于书籍的反复阅读。

（二）方便阅读检索

书籍是信息的载体，信息的获得要通过阅读来实现。书籍设计的最终目的与功能价值不外乎两个方面：其一，方便阅读；其二，获得审美愉悦。

通过对书籍切口的设计可以完成对所要传达信息的进一步组织，使人们获得信息更准确、更便捷。单纯的切口检索功能主要体现在大部头字典等查阅性书籍的切口设计中。利用不同颜色的色块或不同纸材的搭配来实现章节的有效划分，这种人性化的设计既美观又实用，对于许多工具书来说是至关重要的。翻阅中，读者可以从切口处了解到一本书的章节变化，切口具备的导读作用，使信息的获取轻松而便捷。

（三）加深触觉体验

书籍最显著的物理特征就是具有重量、厚度，同时还具有不同的手感，这是人们喜爱它的部分原因。一本设计精良的书，除了在功能上翻阅轻松，阅读流畅之外，还应从审美方面让读者触觉愉悦。平淡的书籍设计作品不再吸引读者，只有突破常规的平面思考方式，合理的运用空间语言，才能于视觉体验中为阅读过程融入新鲜的触觉感官刺激，令信息的传达更为生动有趣，触及人们的心灵，优化受众的认知效果

纸张给人的感觉是平面的，而书籍是由多页纸张积叠而成，其立体的空间特征着重体现在书脊与三面切口之处。利用现代工艺与技术对书籍切口进行必要的空间造型处理，可以使读者在翻阅书籍时拥有全新的触觉体验。书籍切口是读者可以直接触摸和翻阅的部位，书籍设计者应注重其外在形态表现力的深层挖掘。通过不同肌理与触感的营造，更好地传达信息，为读者创造出富有感染力的阅读氛围，激发读者的阅读欲望。

对书籍切口的形态设计予以周密细致的考虑，可以有效拓展书籍的平面设计容量。例如拇指索引孔是依靠专用设备的刀具对书籍切口进行打孔的一种设计。打孔后还可在索引孔处粘贴标识，既方便了阅读与检索，又能给读者带来平面之外、造型之上的触感新体验。从手指触摸书籍切口处的索引孔那一刻起，阅读过程的视觉审美享受发展成为触觉的愉悦感受。

（四）强化视觉美感

吕敬人先生设计的《梅兰芳全传》一书，除了封面、版面的设计之外，还匠

心独具地对书籍"切口"部分进行了细致的创意。书籍切口处随着读者向左、右不同方向的阅读，分别呈现出梅兰芳先生的剧照与生活照。该书的设计以突出审美愉悦功能为主，将梅兰芳先生的艺术人生展现于书籍切口处。通过对书籍的翻阅，读者与书中主人公进行了一次超越时空的对话。该书的设计不满足于二维的平面叙述，通过平面内容向书籍边缘的蔓延实现了书籍设计的立体空间拓展。

（五）增进互动愉悦

科技高速发展，人们的思维观念也发生了翻天覆地的变化。面对信息量的飞速膨胀，人们已不再满足于单纯的被动接受，个人表达与创意的心理愿望由信息的传播方——设计者逐步延伸到受众一方。人们对设计者的要求不只是创作动人的内容，更要个性地设计环境与空间，让观者能以互动的形式参与其中。通过对设计的亲身体验，实现知识与信息的获取。互动，其本质上作为一种传播的形态，是可以在任何传统媒体上得到突破性表现的。书籍切口设计同样能利用新技术或在传统技术的基础上展现出精彩的互动特性。

人们思想观念的变化要求书籍设计必须创新。跳出二维平面的局限，充分调度书籍切口的立体空间特性，合理运用多侧面的立体思维对书籍切口进行精心设计，可以为读者带来意想不到的互动效果。

在一本书中，如果尺寸从小到大排列，在阅读时可以使读者产生强烈的顺序感，书页尺寸的阶段性跳跃变化能将书籍内容划分成不同的阅读单元，是人产生跳跃性阅读的欲望。书籍页面大小的变化从视觉和触觉上均能带给读者鲜明的节奏变化。这种于切口处呈现动态感觉的设计成为整本书籍的亮点。

书籍设计中体现互动形态的创作思路，是通过读者与书籍之间诸如翻页、裁切、折叠、抽取等操作，使静态的视觉元素表达具备了某种动态的感受。

总之，我们将书籍切口从书籍整体中解构出来，通过研究它在书籍翻阅中的重要作用，来强调书籍的整体设计观念。当今书籍设计的魅力，已从封面表层的美感，深入到书脊、封底、正文排版、切口等书籍整体美的全方位营造之中。

书籍切口审美性与功能性的设计是不应偏废的，二者必须相辅相成、不可分割。以审美性为主的书籍切口设计，可以带给读者多姿多态的创意书籍设计作品。其审美性固然重要，但如果缺失了最基本的功能性，审美性必将大打折扣。书籍设计的目的在于知识与信息的传播，书籍切口设计要作为书籍整体设计的一个元素来对待，使书籍设计的整体性得到更好的体现。设计师们应确立动态、立体、多侧面的书籍整体设计观，应具备把多侧面的复杂、连续且相对独立的单元转化为一个整体的能力，通过有效利用当今飞速发展的印刷技术和书籍切口的立体空间特点，努力创作出具有时代特色与鲜明个性的书籍设计作品。

第六节 "镂空"在书籍封面中的应用

一、关于镂空

"镂空"一词，在《现代汉语词典》中的解释为："在物体上雕刻出穿透物体的花纹或文字。也称为'镂雕''透雕'。"在距今约一万至四五千年前的新石器时代遗存物品中，发现了石铲、石斧、石凿、石纺轮等文化遗物，在这些古老笨重的石器上都磨钻出了十分讲究的圆形孔洞，这些孔洞磨钻的边缘极其光滑，位置居中，不偏不倚，是石器时代工具制作的最高阶段。这些孔洞在当时是为了便于将这些石器固定于木棒或是其他物体上而进行钻孔的，但现在看来这些圆圆的孔洞则成为我们"镂空"工艺的起源。

从新石器时代出土的陶器上能够发现"镂空"工艺的存在，那时候的"镂空"工艺多是在器物坯体未干时，将装饰花纹雕通，然后直接或施釉入窑烧制。镂空的纹样一般较为简单，多为三角形、圆孔、四边形等几何图案。后来随着技术及工艺的发展，"镂空"技术的发展成为中国传统雕塑工艺的一种常见表现形式，以至影响到后来所产生的多种造型艺术。如剪纸、皮影、玉雕、牙雕、骨雕、建筑中的什锦窗、家具中的透雕，等等。

"镂空"工艺从产生至今，屈指算来已有几千年的历史，一种工艺能够经历几千年而没有消亡，并被广泛地应用，足以说明此工艺所产生的独特艺术魅力是其他工艺所无法替代的。"镂空"是通过雕刻、切割、磨钻等工艺手法，使艺术作品打破原有的平面化，在空间上、材料上、色彩上、层次上发生了改变，使其变得通透，其韵味就在镂空体的"断"与"连"，从而增添了艺术作品的生动性。

二、镂空工艺的应用

"镂空"工艺早期是广泛应用于陶器、青铜器、玉器、瓷器等较为坚硬的物体上，随着技术的发展和人们对美的需求，"镂空"技术也应用于较为柔软的物体上，如对金银箔、皮革、纺织品进行镂刻从而达到装饰的效果。据考证，从商代始（前1600～前1100）就有人用金银箔、皮革或丝织品进行镂空刻花制作装饰品。例如1950年至1952年在河南辉县固围村战国遗址的发掘中，发现了用银箔镂空刻花的弧形装饰物。到了汉代，"皮影"艺术产生，这是人们将"镂空"引入表演艺术之中。到了唐宋时期，流行"镂金制胜"的风俗。（"胜"，就是用纸或金银箔、丝帛剪刻而成的花样，剪成方形者，称为"方胜"；剪成花草形者，称为"华胜"，剪成人形者，就称之为"人胜"。）

南朝梁宗懔在《荆楚岁时记》中记载："正月七日为人日，以七种菜为羹；剪彩为人，或镂金箔为人，以贴屏风，亦戴之于头鬓；又造华胜以相遗。"唐代大诗人杜甫以《人日》为题作诗："此日此时人共得，一谈一笑俗相看。尊前柏叶休随酒，胜里金花巧耐寒。"另一位唐代著名诗人李商隐也作有《人日》诗，诗中说："镂金作胜传荆俗，剪彩为人起晋风。"六十年代在新疆出土的文物中，还有一件唐代的人胜剪纸，七个女子人形排列成行，此胜用于围饰发髻。随着造纸工艺的发展，廉价易得的纸张逐渐代替了金箔、银箔以及皮革这些较为昂贵的材料，从而广泛地走入平民百姓家庭。逐渐形成了深受人民群众喜爱的"剪纸"艺术。唐代剪纸已处于大发展时期，从杜甫的诗"暖水濯我足，剪纸招我魂"可以看出，剪纸艺术在民间已经非常盛行了。

中国传统的蓝印花布，就是利用传统镂空纸花版白浆纺染印花，又称靛蓝花布，俗称"药斑布""浇花布"，距今已有一千三百年历史。其制作工艺就是把设计并镂空好的花版铺在白布上，用刮浆板把石灰和豆面按一定比例调和好的浆剂刮入花纹空隙，从而漏印在布面上，达到纺染的效果。蓝印花布那朴拙幽雅的文化韵味，在我国民间艺术中独树一帜，散发着东方文化独有的质朴、含蓄、典雅之美。例如由"合和工作室"设计的《蓝印花布》一书，封面很别致地做成蓝印花布的样子，显得古朴而素雅。该书的封面设计就是将蓝印花布镂空版应用到了书籍封面局部，让读者第一眼就能感受到蓝印花布这一传统手工工艺的美。

三、封面中"镂"出的"美"

随着人们对书籍设计研究的深入，人们逐渐发现，书籍不再是静止的，而是动态的，书的作用就是让读者翻阅的，每翻一页都是动的，于是一本静止的书在读者手中呈现出动态的美。读者的阅读是一个时间的动态过程，充分表现在对图书翻阅浏览的每一瞬间。从封面、环衬、扉页的欣赏到篇、章、节的细读，时间随着空间而展开，书籍的多层性也随着时间而伸延，并在翻动中充分地展示出了动态的多层的美，这是书籍设计区别于其他造型艺术的一个显著特点。这一特点被越来越多的书籍设计师们所重视，于是书籍封面的设计也打破了传统的平面化的设计，将动态的多层性也运用到了封面设计中。

在中国图书市场上着实火了一把的《小红人的故事》，其"火"的原因与该书封面使用中国传统镂空工艺——剪纸的形式来表现不无关系，该书是中国书籍市场上第一个用活脱脱的剪纸来表现的。传统的中国红色，传统的中国线装订形式以及传统的文字竖排版式，地地道道地打造了浓厚中国味道。设计者熟练地运用中国设计元素，与书中展现的神秘而奇特的乡土文化浑然一体，让读者越读越觉出其中的丰盛的滋味。

现代书籍设计讲究"五感",即:视觉、触觉、嗅觉、听觉、味觉,这也是完美的书籍形态所具有的。"镂空"效果在封面设计中的应用,使读者在"视觉"和"触觉"上有了全新的感受,同时读者读封面镂空处的"触觉"又能很好地帮助读者在"心理"上有更进一步的愉悦。

(一)"镂"出空间

空间概念的学术定位,分为物理空间和心理空间。物理空间我们好理解,即物体的长、宽、高所形成的空间体积,这是客观存在的,能够真实地触摸到的。而心理空间则是虚幻的,是因人而异的,与每个人的社会地位、文化内涵以及社会阅历等方面都有着重要的联系。心理空间所涉及的元素有印象、想象、联想、时间、视觉、触觉、听觉、嗅觉等,它们会在读者读书的过程中反映出不同的心理空间。

书籍的空间同样也存在着物理空间和心理空间两方面。书籍的物质形态即物理空间,通过不同的纸张、肌理、厚薄、形状以及不同方式的装订,最后成型的书籍占有一定的空间。

(二)"镂"出趣味

书籍的趣味性指的是在书籍形态整体结构和秩序之美中表现出来的艺术气质和品格。趣味性对于人来说,则是人的天性,是不可被否定的。能够增加封面设计趣味性的元素有很多,如图形、图片、文字、色彩、构图,等等,"镂空"也是增加封面趣味性的有效手段。

(三)"镂"出"加法"

在书籍设计中说到的"加法""减法",并不是将封面设计诸元素进行简单的堆积或是删减,不论是做"加法"还是做"减法",都是为了更好地表现书籍的内容。封面应用"加法"手段设计,其效果"雕缋满眼",但视觉效果不一定零乱;应用"减法"手段设计,其效果"简洁明快",但其内涵不一定单一。

"镂空"在封面设计中应用看似是做的"减法",是将书籍封面的部分纸张"减"去,实则是为封面审美性和艺术性做了"加法"。如吴勇设计的《画魂》,该书设计不仅采用的开本非常奇特,而且在封面上"镂"开了一个圆形,"镂空"的部位正好露出该片女主角的形象,使读者的关注点更加明确,也使封面的内容信息更加丰富。

四、"镂空"与封面设计的功能性和审美性

"镂空"结合书籍封面带来的独特魅力,在上文中已经阐明。如果应用不当,则会起到反作用,不仅不能美化书籍,还不能保护书籍。记得有一次去书店看书,

看到一本资料书正是我所需要的，于是就迫不及待地把它从书架上取下，但是就在我看到封面的那一瞬间，非常的心痛，好好的一本书的封面怎么就破损成这样了？心中的疑问不禁让我仔细地查看起破损的缘由，原来这本书的封面就是应用的镂空，但是因为应用的不恰当，所以还没到读者的手中就已经面目全非了。

因此，在书籍封面设计使用"镂空"时，不能简单地将镂空工艺加载于封面上，而是应该考虑到镂空与封面纸张结合时所产生的各种问题，只有将这些问题处理好，"镂空"艺术才能为书籍封面设计锦上添花，才能使封面的功能作用与审美性达到高度的统一。

（一）材料选择

要想将"镂空"应用到封面，首先要考虑封面的纸张，一般来说要选择较厚、较硬、密度较高、韧性较好的纸张或材料，这样才能避免摩擦带给镂空处不必要的破坏，以保证封面的完整性和美观性。

（二）镂空面积

有些书籍封面使用镂空时，没有考虑镂空面积大小与封面功能性之间的关系，使镂空成为封面设计的败笔。在设计封面镂空时，镂空的面积宜小不宜大，镂空的面积越小，破损的概率就越小。再就是楼空处在封面上分布的不宜过多，分布得越多，对封面的保护性就越小，它的功能性也就越差。

（三）镂空连接

在设计封面镂空时，不仅要考虑到封面材料的选择、镂空处的面积大小的问题，还要考虑到镂空处与镂空处之间的连接部分不能过细这一问题。镂空处与镂空处之间应该大于或等于镂空的直径，这样才能有效地将相邻的镂空点牵拉住，不易断开。

（四）镂空位置

在设计封面镂空时，在封面什么位置镂空也很重要，镂空点应该避开书籍的受力点，也就是勒口和书籍上下边缘部分。这些部分经常要受到书籍拿取时书与书之间的摩擦，如果在这些部位镂空，很容易在放置书籍的时候因书与书之间的摩擦而将镂空部位撕裂。我见过很多将镂空设计在书籍受力点上的作品，这些封面镂空处无一例外的都出现了严重的磨损或是撕裂。当然，如果选择的纸张材料较为坚挺厚实，可能会使磨损的程度大大降低，但是也会造成不可避免的"损伤"。

总之，书籍是人类智慧的结晶，是人类表达思想、传播知识、积累文化的载体，更是人类发展史的见证。书的结构和形态的演变，展示着人类智慧的足迹。

人类不能缺少书籍，书籍更不能缺少读者。完美的书籍应当是内容与形式的完美统一体。

常听人说"书籍封面设计成功了，整本书就成功了一半"，虽说这话有些不够准确，但从中能够看出封面设计对于一本书的作用与价值是非常重要的。书籍的封面是书与读者的"第一介绍人"，封面的设计能否保护书籍是其最基本的功能，也是最重要的功能。在此基础上，封面的设计能够准确表达书籍的内容、对书籍起到美化的作用也是至关重要的。

"镂空"在书籍封面的应用，为书籍封面设计增添了独特的艺术魅力，使传统工艺造就了现代书籍的审美。成功的具有"镂空"工艺的书籍封面不仅能够保护书籍内页，便于读者阅读，同时能够增强书籍封面设计的审美功能和审美价值，从而达到书籍封面的艺术性与功能性的完美结合。因此，我们在设计封面时应该将其功能性放在第一位，如果不考虑其功能性，而只追求封面设计的"怪""奇"，该设计势必是失败的。

在当今多元化的时代，书籍设计也应该是多元化的，为了书籍能够更好地服务于读者，更好地满足读者审美的需求，就需要我们坚持不懈地努力和永无止境的创新。

第七章　书籍形态创新的发展趋势

第一节　书籍形态的创新原则

一、可读性与审美性相结合

尽管现代艺术与技术已经分化开，但在审美和实用技艺或成品之间，不可能划出明确的界限。受众群体却不会孤立的看艺术吸取信息。仰仗于设计师对书籍的解读创作，既美观又实用的书籍设计形态，具备信息载体功能的同时，也具备对美学的表现能力。

书籍之美的功用往往也是到达其他功能的一种手段。任何独立于功能的设计都是不存在的，单纯的逻辑组成的设计，会缺乏生活中的情感价值和审美因素，不能充分发挥书籍的效能。对审美的追求与书籍的可读性追求结合在一起，书籍设计形态才能呈现设计师对书籍发展创新意识的认识，满足普遍受众的认知美感能力又能够展现信息符号内容。当然，特有审美观的形成关系与当下民族、历史、时代的变化密切相关，人们的需要和趣味也是在变化的。书籍设计形态也需要符合当下时代对美的感知。

二、创新元素与书籍设计主题相呼应

在某种程度上，我们将书籍设计形态视为达到目的的一种手段，这个目的就是连接，连接读者与作者，营造信息茧房，传达设计主题。与传统的书籍设计不同，创新性书籍设计形态往往具备多元、开放、实验、创新等多项功能，更注重表达理念，像是一个当今日益雷同的城市下的一个缺口，引导人们自我发声。对主流与标准的突破，源自不同文化主题下的创意想法，因此蕴藏着生猛且大胆的

力量。这种特殊的魅力，吸引着书籍设计师与爱书人士。

书籍设计形态区别于广告、包装等设计商品的原因就是它是传播信息的一种媒介，由审美载体以物质手段传递书籍美学性质。书籍内部的文本内容，包括它的设计都贯穿在整个阅读过程中，文本内容的呈现具备一定的文化属性，书籍设计必是要通过利用好创新元素，根据脚本主题来展现书籍的整体魅力。面对琳琅满目的书籍种类，对于设计师而言，针对题材的把控，文本的感受，书籍内容以及写作背景的了解，就显得尤为重要。

任何形态元素都可以用以构成书籍，但可辨识度和可解读性是构成信息传达的基本条件。在此基础上做到组织信息，利用符合书籍内容主题的方式阐述设计，使创新元素与文化主题相呼应。

三、书籍设计面对创新性形态时的动静结合

人对书籍的视觉注意力往往是一个由远到近的过程，由书籍设计形态本身产生吸引力，引导读者走近，同时在翻阅书籍时，浏览的每一个瞬间又都是一种连续动态的过程，无不吸引读者随着循序渐进的时间点去消化信息。书籍设计具备一定的号召力就要做到动静结合，在静中找层次，形成由表及里的形态空间，在动中找韵律，在视觉连续中寻找风格、节奏感。所以说书籍设计形态中各要素的构成具备流动性，而不是静止不动的，阅读者与书籍的关系也随之时刻在变化的。每一个具体的、可感的元素在书籍中都形成了一个点，每一个点在浏览时进行不间断组合，形成能够影响读者的画面（图7-1）。

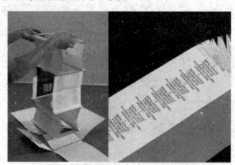

图7-1 造型形态多样的书籍

书籍作为一个六面体，本身就具备类似雕塑的体积感与立体感。各个角度都具备不同的美感，在翻阅时不只是一个面的呈现，而是任何一个角度都成为整体风格下的部分实体空间，实现自身的欣赏价值。根据读者的审美需求，不满足于局部的呈现，想要寻求视觉完整性，满足自身的追求整体把握的心理，便产生了视觉连续性，根据这一特性，在书籍设计时就不只是表现局部，更应该考虑对书籍的动态环境下的细节把控。静止状态下的整体美与翻阅过程中的动态美相结合，

才能更好地展示书籍设计形态，形成包括读者在内的三维的空间，以满足受众的心理需求，在人们由远及近、从概览到细读、时空的瞬息变化间触发读者的心灵，引导读者更好地吸收讯息。

第二节　书籍形态的创新发展的意义

一、构筑受众的情感世界

如今，在大家越来越重视并且愿意消费精神文化的现实背景下，书籍设计的文化热潮得以掀起，也为书籍在当下的社会找到了新的表达方式。设计师不再局限于原始的书籍形态，开始理性地对书籍设计进行分析和探索，通过剖析书籍对人的作用，利用设计思维来深入的认识书籍的本质与结构，成为传达情感的物质创造，因此，书籍设计形态首先必须使得书籍与读者之间具有共同的情感，这种情感便是书籍设计形态的机要，书籍文化的特色。

一部分人群的消费观正从物质和享乐主义向精神诉求转变，这也是文明社会发展的方向，另外就是都市主流价值观和娱乐环境越发趋同，人们需要自我表达和吸收不一样的内容，书籍设计形态成为一个小小的出口。创新性的艺术化书籍设计形态不仅具备足够的新鲜感觉的差异性，更挖掘出了未来书籍的不同呈现方式，从而拓宽书籍在现代生活中扮演的角色与可能，散发更多的魅力。

二、信息传递

书籍是一个整体，具备自身的连贯性，设计理念由书籍形态在受众脑中定型的图式，在结构里获得的形态的生成是由内部结构向外部结构的转换。设计师对书籍形态的掌握是通过对于营造书籍情境的领悟，由此得出完整的认知结构，不同的主题会有不同的形态变化。这就是书籍设计形态的转化生成过程。

书籍形态具有传递信息的功能，也就是说，书籍通过书籍形态的传播可以表达某种涵义。书籍与读者之间在情感上具备重叠性，才能使由书籍设计形态发出的信息被读者所理解，实现信息的传递。设计师与读者之间所具有的共同情感内容，是传递和取得理解的基础。对于书籍设计形态来说，设计师与读者之间通过书籍展现了一个编码和译码的过程，也就是对书籍整体的组织和解析。

三、独特的价值意含与意象意含

在书籍设计形态中可以读取两种意含：价值意含与意象意含。前者指书籍的功能、耐读性等，后者则指书籍设计形态给人趣味、新奇等感觉；前者相当于明示意义，后者则相当于暗示意义。而意象乃是以价值为前提，没有阅读功能的书籍设计便不能称为书籍，意象也会失去意义。

对书籍设计形态而言，它的意图和目的是在书籍中导入某种新鲜血液，形成新的阅读方式。与当今的电子时代和数字时代的产品不同的是，不再是以造型追随功能为主要特征，以忽略产品原理、结构等相关信息。在物质过剩的当下，受众对书籍的需求已从简单的信息获取转为感性认识的层面。所以，创新书籍设计形态可以扩展书籍范畴，产生独特的价值。

书籍长期以来固有的价值和商品含义发生变化，书籍也同样可以作为一种独立的艺术载体而存在。实体的出版物被打开、翻阅、接触、这一系列动作的"亲密接触"天然的具有互动与交流感，也使得广义的"书"始终拥有独特的价值意含与意象意含。

第三节　书籍形态创新发展的表现

一、文字图像化

文字作为一种视觉符号，其本身就具备语言拥有的功能，能达到交流与传播的目的，传统的书籍中也通常会以文字为主，利用不同的版式完成书籍的整体效果。随着当今艺术思潮的多元化，大家对书籍这个媒介的认识开始有了更多想象，对不同创作内容的接受程度也提高了。部分设计师开始思考，是否尝试新的突破，形成更加个性的设计风格，开始将书籍中文字的阅读功能减弱，形成以形式为主，内容为辅的自由版式构成。将文字的功能着重于作为一种带有装饰性的符号，这种文字图形化的现象就相当于传统书籍中的书稿内容，通过重叠、重心偏移、拼接和混乱编排来营造一种个性化的设计风格。突破古典的排版与网格设计，将文字作为符号元素来图形化运用，组合创新，展示书籍的内部魅力。

优秀的版式设计已经不再局限于如何排好内容文字，而是经过深思熟虑的设计考究，不断尝试，利用无序随意的方式，在遵循对比均衡、节奏韵律、虚实关系等形式美法则下展现个人设计风格，进行创新发展。它反映了我们不再是仅仅去阅读文字，更多的也可以通过书籍结构获得更多更生动的文化讯息，唤醒我们感知书籍设计形态的能力。例如（图7-2）朱赢椿创作设计的虫子书，全书介绍了不同昆虫的痕迹，没有文字内容，却将观察到的虫子，利用一些很有趣的生活发现记录下来。触发读者对这些细微事物的感知能力，从而影响到读者。

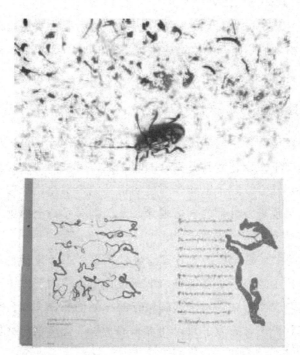

图7-2　《虫子书》全书内页没有文字，由虫子留下的爬行痕迹构成

二、仿生应用

　　仿生学中的仿生形态设计是在1958年由美国空军军官J.E斯蒂尔少校所创立的一门对与生物系统的结构、功能、特质、能量转换、信息控制等方面优质特征进行研究，并将其应用于技术系统，改善并创造技术工程设备的综合性学科。比如生活中的雷达、飞机等的设计灵感也是源于仿生设计。例如（图7-3）对于自然形态的探究与书籍相结合的方式，揭示了他们之间的特殊性和彼此的联系，形成了一种特殊的张力，引发读者对书籍形态的观察和分析，从而形成对书籍探索的兴趣。

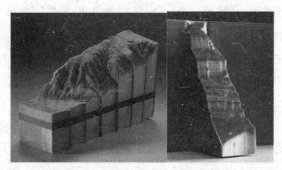

图7-3　仿生形态下的书籍造型

　　随着书籍设计形态的多元化，跨学科设计成为发展创新的一种方式，将仿生的思维理念运用到设计中去，以生物体为对象分析原有形态，造型元素的应用提

取也逐渐成为一种新的方法。自然孕育了人类，也给了人类无限启迪，受自然影响的设计更具备探索的热情，为信息载体本身提供一套可行的设计思维和方法论，培养融会贯通的设计意识。

三、创新性形态的多样化

随着技术的发展，所谓的创新性书籍设计形态不再是仅仅的虚有其表，在鲜有资本介入的情况下，创作者具备完全的自主性，可按照个人意愿将艺术创作与纸张印刷进行理想结合，除了书籍该有的阅读功能，书籍设计形态本身也是一件艺术品，忠实的重现着设计师的创新理念，从而拥有了自己的生命力，形成一种信息构筑艺术。

设计者思维方式转变，重视设计理念上的创新，书籍设计也不再仅仅呈现方正的样式，在形式上也有了更多突破。书籍设计形态中的艺术造型，通过设计师对材料的感知以及书籍内在结构的理解进行的探索创新，突破自我，利用不同的风格充盈书籍设计形态，拓宽书籍设计形态的功能，塑造信息并转化为设计语言传达给读者。

第四节　书籍形态创新的发展趋势

一、人性化关怀趋势

人性化的书籍设计形态具备自身的特点，形态可以成为建立读者思考事物的契机，让事物与人建立起联系，从而挖掘信息，参与信息传播。首先必须是被读者乐于接受的书籍设计形态，因为书籍也最终归于读者，就像"隐含的读者"概念中所提及的，如果把书籍当作商品，隐含的读者就是商品的目标消费者群体。在进行书籍设计形态的筑构时，首先要考虑隐含的读者，考虑书籍的阅读群体，书将被哪一社会群体、社会阶层消费。选材与风格需要考虑到这一读者群体的接受能力以及接受水平。举个例子，当我们在设计一本供睡前使用的枕边书时，那么睡前的轻柔温和的气氛，需要设计师通过创意展现出来，融入到书籍设计形态中。

书籍设计形态的人性化是未来书籍发展趋势之一，书籍设计形态在人性化基础上建立了设计特点，在考虑到整体性、秩序性、隐喻性、趣味性以及工艺性的基础上以人为本，创作不同的阅读体验，将书籍的语言、构成、节奏的把握运用到关注读者上，理解读者的需求，尊重读者并以阅读为本，不断更新艺术观念，探索发掘新的阅读方式。为读者带来更多有探索意义的趣味性书籍形态。

二、自主性推动发展

书籍设计形态的创新意义在于打破传统的书籍市场规则，给予每个创作者个体表达的自由，实现传播的自主性。书是文明的痕迹，传统印刷的物理性始终无可代替，但这不意味着我们要去抵抗任何时代变化带来的媒介更新。纸质书作为一种古老的媒介在今天已经不是资讯或者认知的载体了，承载着时代的变化和创造力的更新。书籍设计未来发展应当警惕中心化、标准化，不只是作品的成熟或者精巧，注重书籍形态的创新性可能，呈现多元化视野，每一位设计师都应是书籍设计进程中的一分子，用创新意识，做个性化的书籍设计。

从2018年起，艺术书展相关活动增加，自由出版领域也日渐活跃，涌现出不同国家地区合作聚集型的新艺术书展，创作群体不断扩大。当下中国出版领域下的创作群体的水平处在较早期阶段，概念化书籍设计形态相对而言依然小众，这个领域需要专业的设计理念，成熟、健全的市场环境。

参考文献

[1]何思倩,贺鼎.动线理论视角下的儿童绘本书籍设计创新研究[J].出版发行研究,2020(1):4.

[2]张怡.概念书籍装帧设计的创新性研究[J].四川戏剧,2018(4):72-75.

[3]梁逸菲,史墨.书籍设计中的材料的创新与应用[J].品牌研究,2021(19):0.

[4]戎青.书籍装帧设计中视觉语言的创新研究[J].企业科技与发展,2019(1):2.

[5]安春晓.纸制书籍的装帧设计创新——评《书籍设计》[J].中国造纸,2020,332(2):88.

[6]谢蕴.民国书籍装帧设计的发展与演变[J].花炮科技与市场,2020(1):2.

[7]伍毓泉.中国古代书籍装帧形式演进对现代书籍装帧设计发展的影响[J].科技传播,2018(5):3.

[8]张量.东西方书籍设计在信息传播过程中的探索与启示[J].新闻前哨,2020(2):2.

[9]张琬璐.论"书籍之美"——书籍装帧设计的发展与审美[J].大众文艺:学术版,2019(24):2.

[10]王春旭.书籍版面构成中的点线面之美——以"书籍设计与印刷"课程为例[J].大观:论坛,2018(10):2.

[11]齐立娟.浅析书籍装帧设计中的三大要素[J].编辑学刊,2018(1):3.

[12]姜鑫雨.书籍装帧的概念设计和视觉表达[J].美术教育研究,2018(16):1.

[13]刘静.纸质书籍设计中传统元素的运用——评《书籍设计》[J].中国造纸,2020,333(03):106.

[14]陆赉,陆海华.书籍设计的情感和形式表现研究[J].美与时代:创意(上),2019(6):3.

[15]田依雨.现代蜡染艺术在书籍设计中的应用[J].文艺生活·文海艺苑,2018,000(001):125-126.

[16]薛鹏宇."中国最美的书"书籍封面字体设计的表现研究[J].美与时代:创意(上),2022(11):4.

[17]柯书,晓吴丹.现代书籍装帧设计中的印后工艺[J].湖南造纸,2021,50(2):112-114.

[18]党登贤.书籍设计与制作工艺[J].数码设计,2018,7(14):1.

[19]罗名映.书籍设计中印刷材料与印刷工艺的创新研究--评《书籍设计与印刷工艺(第2版)》[J].新闻爱好者,2018(2):1.

[20]喻计耀.纸质书籍艺术设计——评《书籍设计与印刷工艺》[J].中国造纸,2020,331(1):95.

[21]康洁.论书籍形态五要素在书籍设计中的体现[J].当代旅游:下旬刊,2018(5):1.

[22]韩晓鸣.传统文化元素和现代书籍形态在书籍装帧设计中的结合与应用[J].天津职业院校联合学报,2020,22(10):4.

[23]王白鸽.浅谈婴幼儿书籍的形态与材质设计[J].北京印刷学院学报,2021,29(S01):3.

[24]任燕.书籍设计多维度空间形态的表现研究[J].大众文艺:学术版,2019(5):2.

[25]李晓驰.中国现代书籍装帧形态变异的审美取向研究[J].建筑工程技术与设计,2018,(10):1155.

[26]齐立娟.浅析书籍装帧设计中的三大要素[J].编辑学刊,2018(1):3.

[27]张建强.书籍形态设计的创新[J].艺海,2018(11):2.

[28]商世民,李慧.浅谈书籍切口在书籍形态中的设计[J].信息周刊,2019(16):2.

[29]王宇.纸艺在现代书籍形态设计中的应用及创新[J].白城师范学院学报,2018(1):3.

[30]贾仪涵.书籍形态设计的立体思维及设计语言[J].明日风尚,2018(2):1.

[31]黄穆菡.概念书的形态设计——书籍设计课程实践环节教学改革探索[J].山海经:教育前沿,2020(27):1.

[32]杨鹏广.基于新阅读体验的书籍形态设计走向探析[J].出版广角,2021(4):88-90.

[33]韩晓莉,刘芳.基于阅读心理的书籍形态设计教学研究[J].西昌学院学报:自然科学版,2018,32(2):3.

[34]秦晶茹.儿童立体书籍中的形态设计研究[J].鞋类工艺与设计,2022(5):133-135.

[35]郭夏茹.书籍设计形态中解构思维的实现[J].中国出版,2019(1):4.

[36]刘佳,兰思嘉.新时代书籍设计新形态[J].大众文艺:学术版,2019(16):2

[37]张建强.书籍形态设计的创新[J].艺海,2018(11):2.

[38]张彰,张婷婷.文化创新视角下的互动体验类书籍设计研究[J].包装工程,2021,42(20):10.

[39]李晓驰.中国现代书籍装帧形态变异的审美取向研究[J].建筑工程技术与设计,2018(10):1155.

[40]赵美璐.书籍设计中五感之美的整体塑造[J].赤子,2018(3):140.

[41]赵格.浅谈现代书籍形态设计中的"人性化"发展[J].西部皮革,2019,41(22):1.

[42]蔡顺兴.形变的力量——重构书籍形态的视觉秩序[J].艺术百家,2019(2):5.

[43]李晓驰.中国现代书籍装帧形态变异的审美取向研究[J].建筑工程技术与设计,2018,000(010):1155.

[44]高德发.公共图书馆区域联盟的发展趋势及创新[J].新教育时代电子杂志(学生版),2020(18):1.